不可思议的
昆虫大书

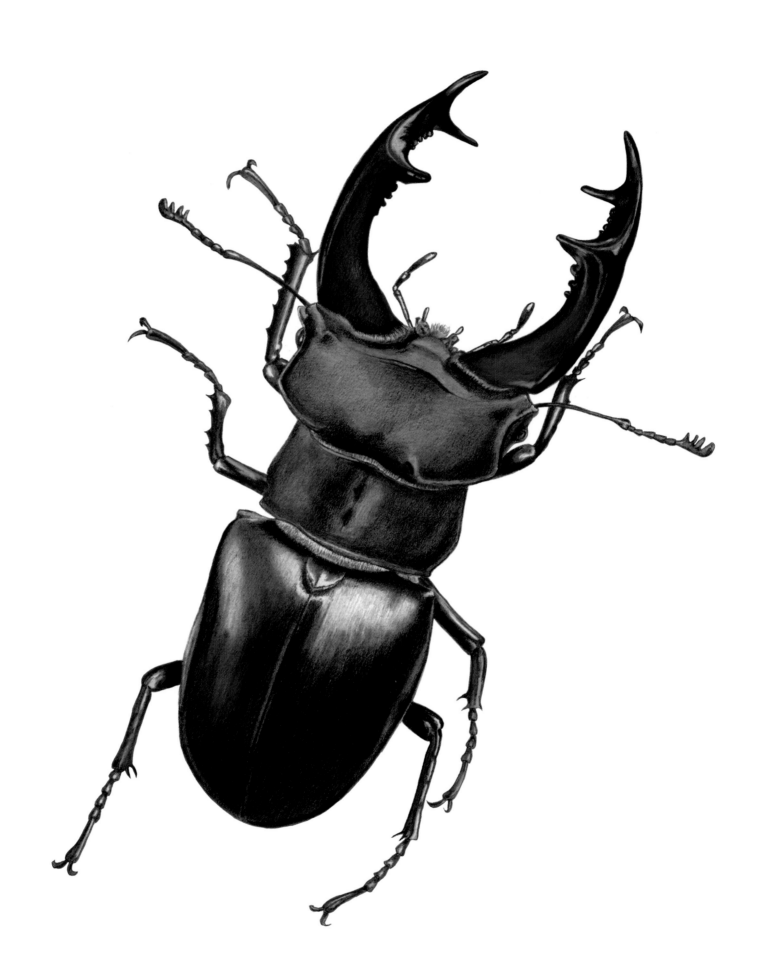

浪花朵朵

不可思议的
昆虫大书

［荷］巴尔特·罗塞尔 著
［荷］梅迪·奥伯恩多夫 绘
周肖 译

海峡出版发行集团 | 海峡书局
THE STRAITS PUBLISHING & DISTRIBUTING GROUP

足上的

昆虫几乎在所有领域都是**冠军**。只要翻开一本和昆虫有关的书，你就会发现，它们无疑是

地球上最强大、最有用、最麻烦和最成功的动物。

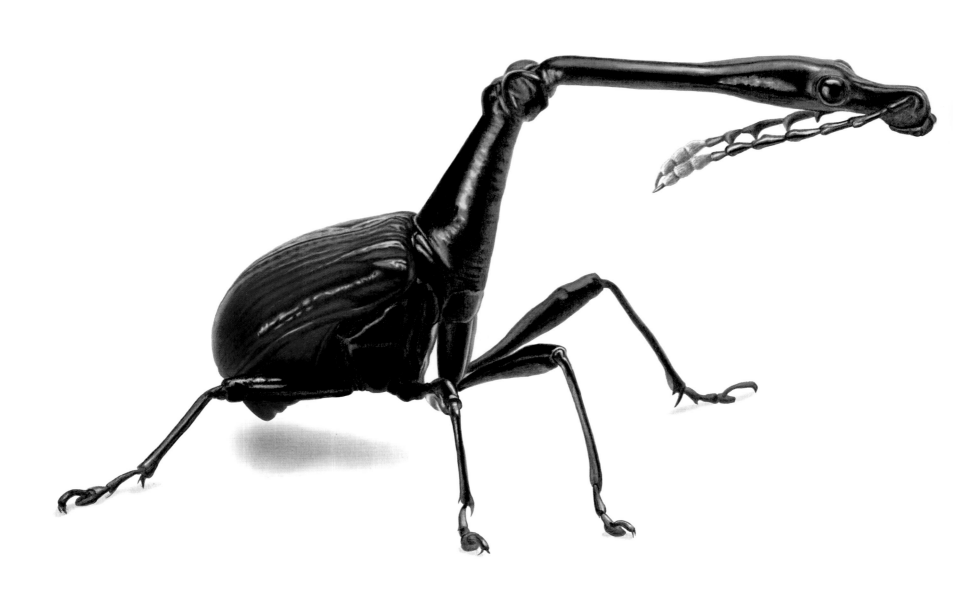

长颈鹿象鼻虫（*Trachelophorus giraffa*）

小小奇迹

最重要的是，昆虫的**数量十分庞大**。这是它们让人类觉得可怕的主要原因。无论我们的父母怎么说，地球真正的领导者还得数昆虫。家里、花园里，还有学校里，昆虫的足迹遍布各处。看看这些数字：人类已经为地球上约 150 万种动物命名，其中将近 100 万种都是昆虫！换句话说，昆虫占所有动物种类的三分之二！这还只算了已知物种，如果把那些未知物种也加进来，昆虫的种类可能要大更多。再举个例子：看看昆虫的重量吧。在裸体的情况下，把成年人和儿童都算上，全人类的总重量约为 3.5 亿吨。而昆虫中仅仅是蚂蚁一族就能达到这个重量！

假如有一天，一个外星生物拜访地球，那它十有八九会告诉同伴，昆虫是这个星球的主宰者。因此，可不能再随随便便地称这些统治我们的小生物为"让人发痒的小虫子"了，更不能把它们简单看成是"有害生物"。再补充一句，昆虫纲是整个动物界中成员种类最丰富的一个纲。

为了给多样的昆虫带来一些**秩序**，我们在书中将它们按照不同的章节进行分类。实际上，我们主要是选择了自己偏爱的种类。这些小虫子激发出了最美好的故事，教会了我们看待自身的方式，也让我们意识到了生命的美妙。

说到各不一样的昆虫，你可不能信口开河。有的昆虫为水果和蔬菜授粉，有的却可以在几小时内吞掉一季的收成。有的昆虫有毒、有害，有的却可以被食用。昆虫的外形最为奇特，许多昆虫在成长过程中会变换形态。有的昆虫善于隐藏，有的却用尽一切办法展示自己。有的昆虫内部有分工，它们有自己的"职位"，也有相应的"顶头上司"；有的则靠欺诈和犯罪生活。一些昆虫以数百万的团体规模活动；还有一些实在太小，又独来独往，以至于你永远不会注意到它们。让我们踏上这次探索之旅，好好了解这些神奇又惊人的生物吧。如果有些种类让你不太愉快，请别在意。

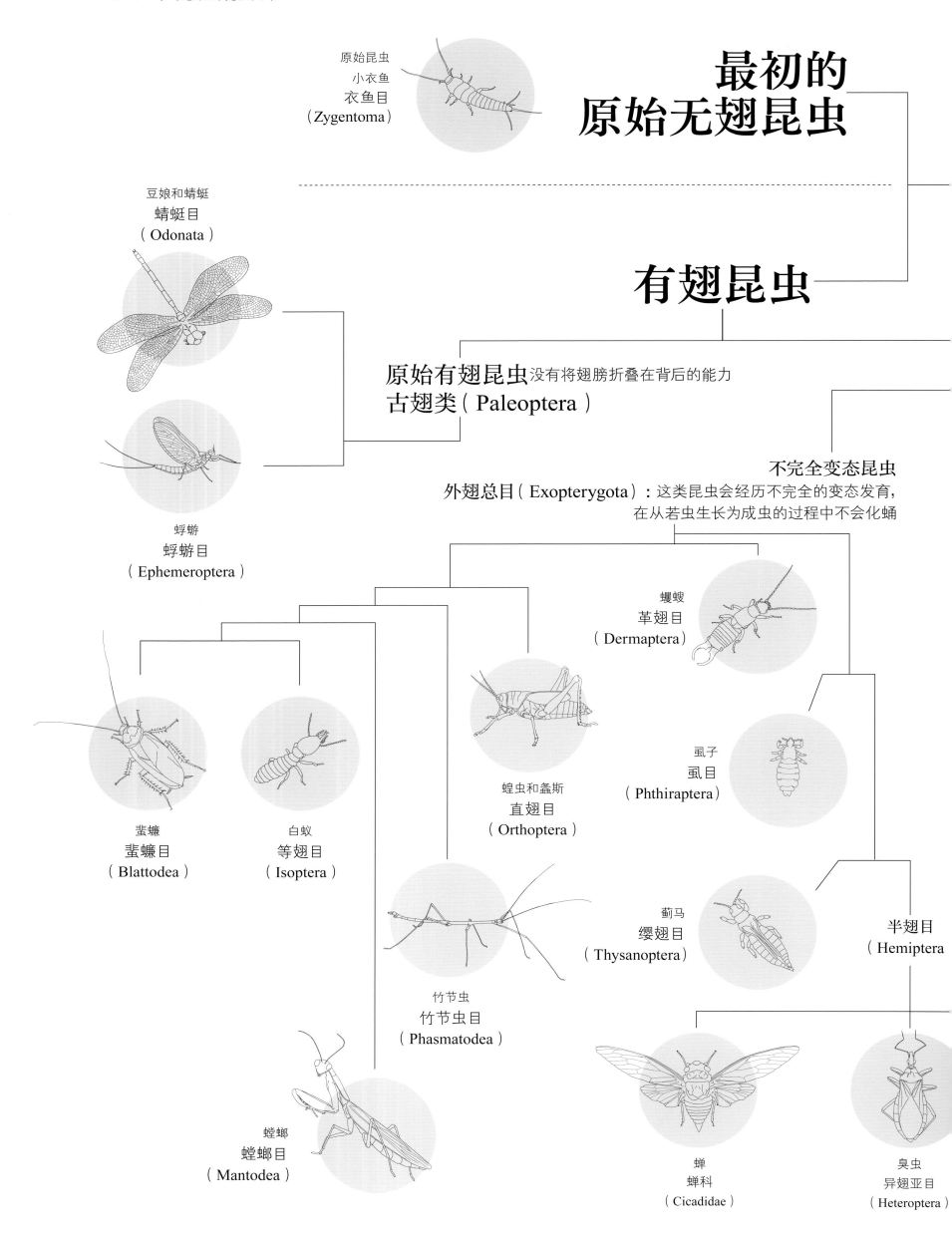

原始昆虫
小衣鱼
衣鱼目
（Zygentoma）

最初的
原始无翅昆虫

豆娘和蜻蜓
蜻蜓目
（Odonata）

有翅昆虫

原始有翅昆虫 没有将翅膀折叠在背后的能力
古翅类（Paleoptera）

不完全变态昆虫

外翅总目（Exopterygota）：这类昆虫会经历不完全的变态发育，
在从若虫生长为成虫的过程中不会化蛹

蜉蝣
蜉蝣目
（Ephemeroptera）

蠼螋
革翅目
（Dermaptera）

蜚蠊
蜚蠊目
（Blattodea）

白蚁
等翅目
（Isoptera）

蝗虫和螽斯
直翅目
（Orthoptera）

虱子
虱目
（Phthiraptera）

竹节虫
竹节虫目
（Phasmatodea）

蓟马
缨翅目
（Thysanoptera）

半翅目
（Hemiptera

螳螂
螳螂目
（Mantodea）

蝉
蝉科
（Cicadidae）

臭虫
异翅亚目
（Heteroptera）

昆虫纲大家族

现代有翅昆虫 有折叠翅膀的能力
新翅类（Neoptera）

完全变态昆虫
内翅总目（Endopterygota）：这类昆虫在完全变态发育过程中会经历幼虫期和蛹期

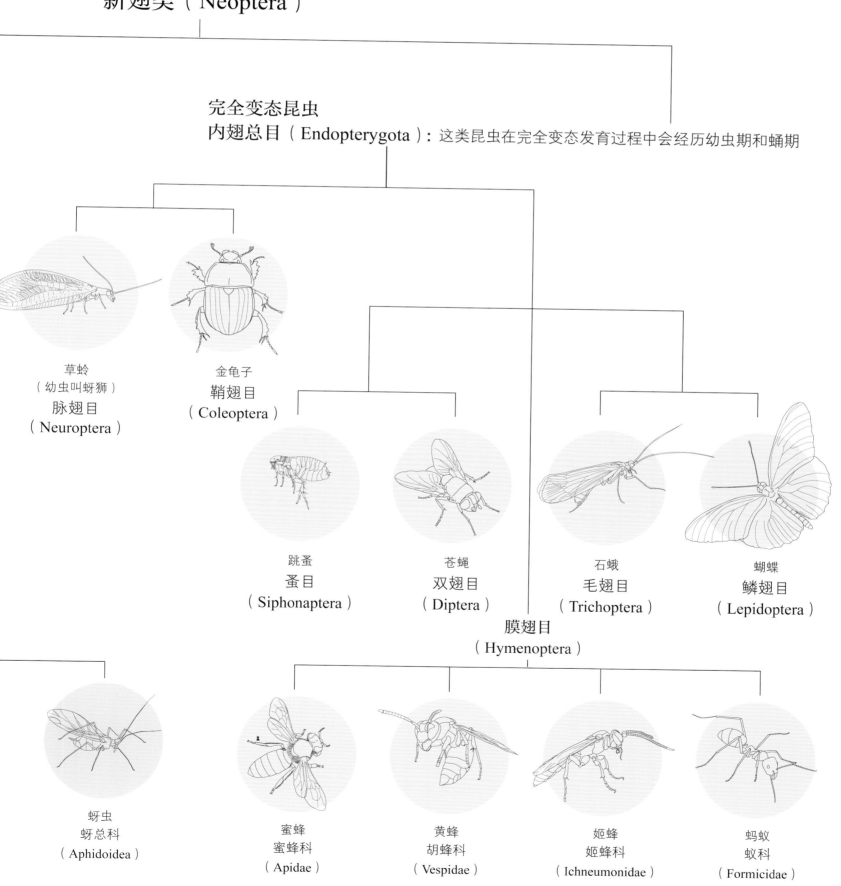

草蛉
（幼虫叫蚜狮）
脉翅目
（Neuroptera）

金龟子
鞘翅目
（Coleoptera）

跳蚤
蚤目
（Siphonaptera）

苍蝇
双翅目
（Diptera）

石蛾
毛翅目
（Trichoptera）

蝴蝶
鳞翅目
（Lepidoptera）

膜翅目
（Hymenoptera）

蚜虫
蚜总科
（Aphidoidea）

蜜蜂
蜜蜂科
（Apidae）

黄蜂
胡蜂科
（Vespidae）

姬蜂
姬蜂科
（Ichneumonidae）

蚂蚁
蚁科
（Formicidae）

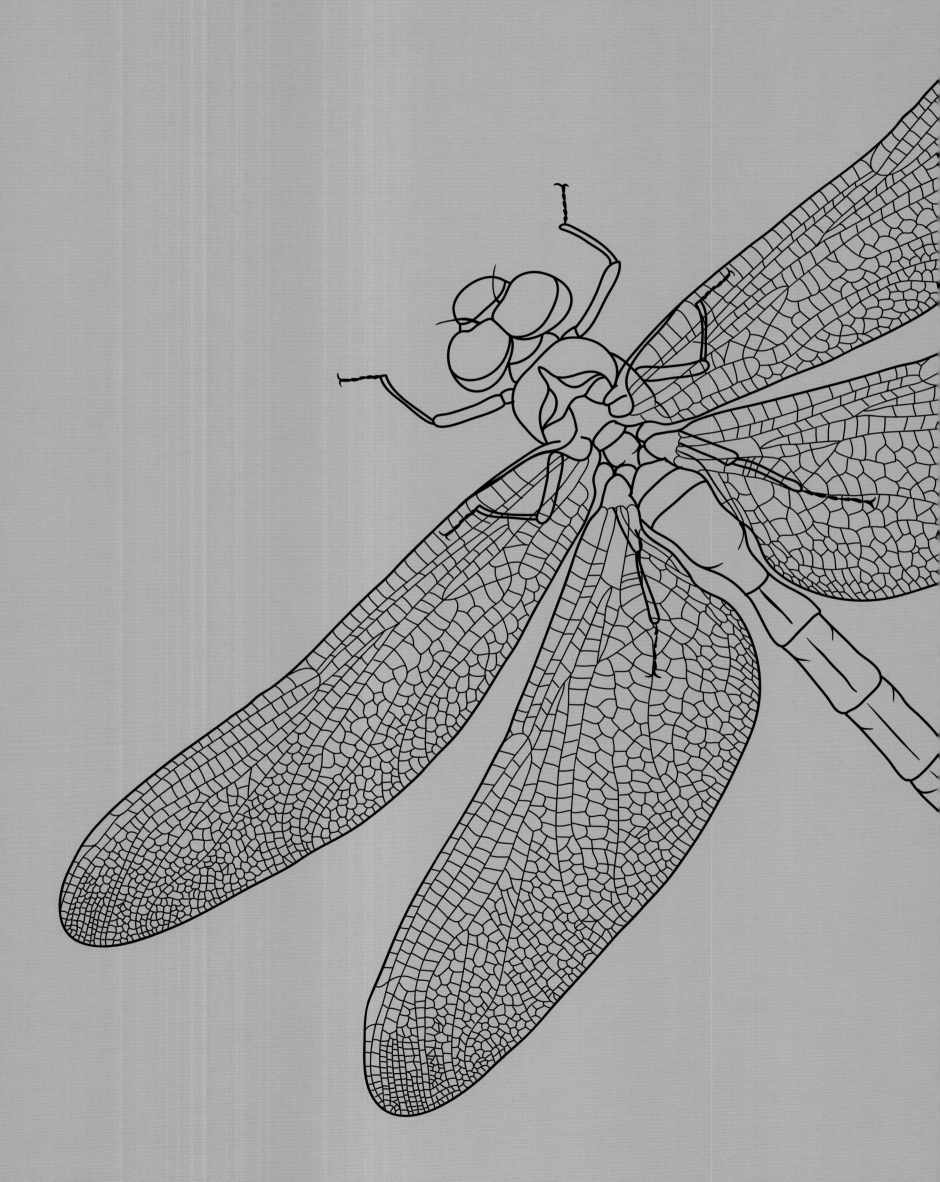

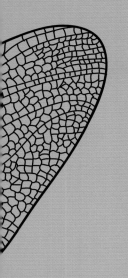

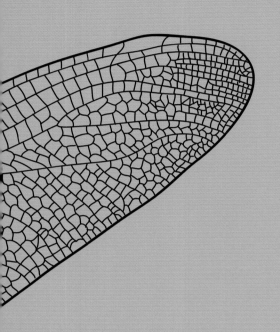

形态和大小

喜欢昆虫的人并不多。

当然，这和它们的外表有关。

但昆虫的身体恰恰是其巧妙设计的体现。

这些小生物被如此精巧地"制造"出来，

以至于在过去的几亿年里，

身体结构都没有发生太大的变化。

尽管如此，没有任何一类动物能像昆虫一样

展现出如此丰富多样的形态和大小。

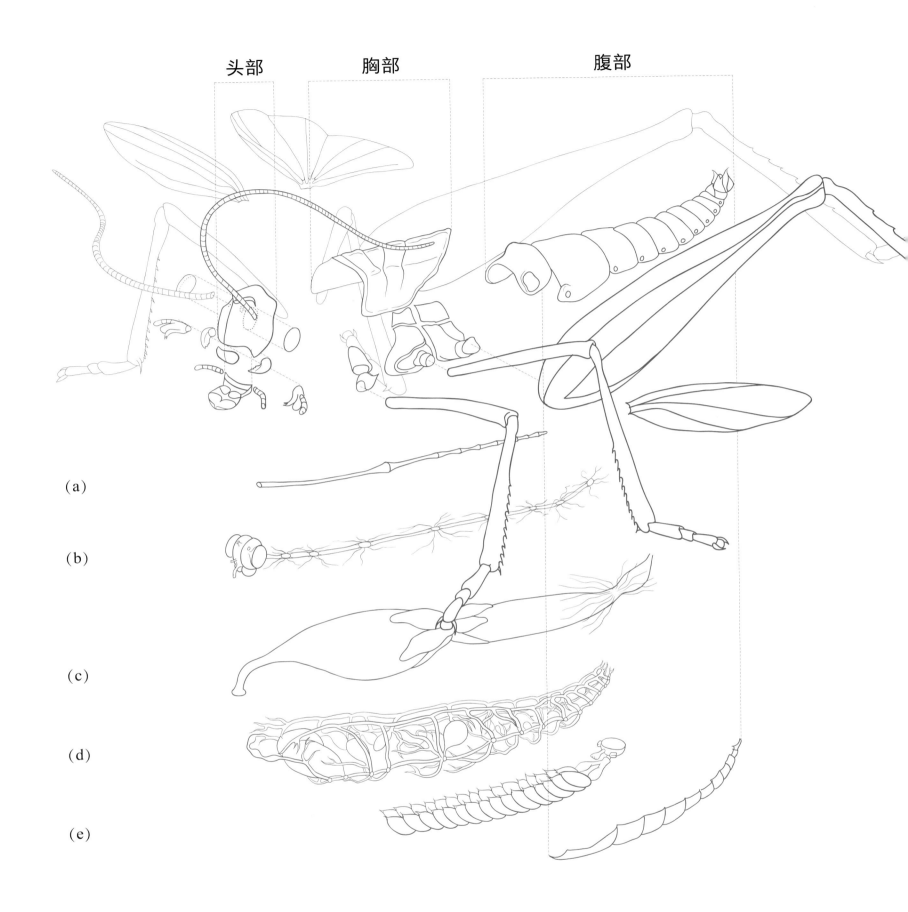

头部　　　胸部　　　腹部

(a)

(b)

(c)

(d)

(e)

一只螽斯（直翅目）的分解图

　　它的心脏很原始，连接着一条长动脉（a）。它的腹部有布满小神经元的神经系统（b），前部连接到大脑、眼睛和触角。再来看看消化器官（c），螽斯总是吃不够，所以它的前胃很大，其间还分布着用于呼吸的微气管和气囊（d）。这只雌性螽斯还有卵巢（e）。

基本结构

昆虫由 3 个部分构成：**头部、胸部**和**腹部**。

几乎所有昆虫都有**翅膀**。

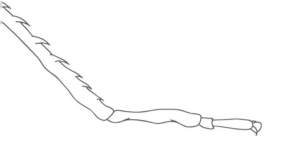

3.5 亿年前，昆虫的祖先从海洋中诞生，但比起水，它们更喜欢陆地和天空。除了延续至今的五到六种原始昆虫外，所有的昆虫都有翅膀。现在的虱子和跳蚤虽然已经没有了翅膀，但它们的祖先并不缺少这一部分。

"昆虫" 在拉丁语中的意思是"分段""分块"。确实，昆虫的身体是由数个部分组成的。这种分段式的身体构造让昆虫看上去就像一把能四处移动的瑞士军刀。它们配备着足以应对各种状况的工具，飞行、游泳、触碰、漂浮、钻爬、潜水、啃咬、咀嚼、嗅闻、战斗、刺入、挖掘，样样都在行。当然了，行走也不在话下。

昆虫是靠 **6 只足**行走的。

所有昆虫都是如此。

3 对足，当然比两对好用得多。它们为昆虫提供了更强的稳定性。

这 3 对足对昆虫来说就像是三脚架。爬行时，它们会移动右侧的前足和后足，同时靠左侧的中足提供稳定的支撑。接着换边，以此类推，完成行进动作。

昆虫就像炸丸子一样：**外面硬，里面软**。它们身上的盔甲被称为**"外壳"**。

外壳是一种保护昆虫内部柔软组织的**外骨骼**。龙虾这样的甲壳类动物也有外壳。它们是昆虫的近亲，同属于**节肢动物门**。节肢动物的身体像小型机器人一样运作：不易弯曲的部分就依靠关节来运动。

外骨骼还有一个优势。它能加强肌肉力量。当一只昆虫想要弯曲一条腿时，它会收缩肌肉，外骨骼也随之活动起来。如果要重新伸展这条腿，它只需要放松肌肉就行。这样一来，再小的昆虫都能发挥出超能力。就拿趁着夜色叮咬我们的蚊子为例吧。蚊子在饱餐一顿后，还是能够像什么都没发生过一样再次起飞。即便它的肚子里装满了血液，而且体重比起刚降落在我们身上时增加了 3 倍。想象一下，这相当于我们在短短几秒内喝下100 升果汁——你甚至将无法把屁股从椅子上挪开！

在昆虫的**外壳之下**，我们会发现和人类相似的器官。它们有心脏，当然，比人类的要简易很多；有胃、肠、生殖器和某种肾脏。它们只缺一样东西：肺。此外，昆虫还有大脑和感觉，包括味觉、嗅觉、视觉、触觉、听觉。

昆虫的头部有附属器官，看起来很怪异，但和其他动物一样，它们具有特定的功能。不同种类的昆虫的嘴部构造也不同，每只昆虫都装备着用来抓捕和切割美食的"餐具"。昆虫的**触角**长在头部顶端。和老式收音机或电话上的天线不同，这些触角不是用来听声音的，而是用来闻气味的。触角就是昆虫的定位器，帮助它们确定自己的位置，找到前进的方向。几乎所有昆虫的嗅觉都比其视觉灵敏。大部分昆虫的眼睛甚至没有发育完全，但有一些昆虫，如蜜蜂和苍蝇等，拥有"复眼"。复眼是由众多六边形小眼组成的半球体。这一器官能够帮助昆虫迅速辨认周边环境，非常方便，但它提供的图像都特别模糊。因此对昆虫来说，世界看上去就像是游戏《我的世界》[1]（Minecraft）所展现的那样。

---

1 《我的世界》：一款像素风格的沙盒建造游戏。

变 态

外骨骼有一个主要**缺点**。

它不会随着身体的其他部位一起生长。

人类的生长过程像大多数其他动物一样。随着年龄增长，身体长大，皮肤也跟着变化。

而节肢动物就不一样了，慢慢地，它们会发现**身上的外壳越来越紧**。

唯一的办法是**"换衣服"**，也就是蜕壳。

对于某些节肢动物来说，还得换好几次衣服。

当旧外壳变得太小时，它的下面就会形成一层柔软的新壳。

蜕壳期间，这层新壳会逐渐变硬。

但昆虫此时还无法自如地使用肌肉：它太脆弱了。

这个换壳的过程有时也叫作**"变态"**。

变态分为**不完全**变态和**完全**变态。

在此基础上，昆虫也被分成了**两种类型**。

第一种类型（不完全变态昆虫）：

这类昆虫从卵中孵化出来的时候，外形已经很像它们的父母了。所以，它们不需要完全改变形态。我们把这种类型的昆虫宝宝称为**"若虫"**。跳蚤宝宝和虱子宝宝都是若虫。

这类昆虫中也有体形大一些的，例如**蝉**，它们也会蜕壳。就像蛇和螃蟹一样，这些昆虫的新衣服会在几分钟之内变干。

一只**蝉**（薄翅蝉属）穿上了新装。它的身体还很
柔软，正在撕开旧外壳的背面，往外挣脱。很快，
它就会变回正常的颜色。

第二种类型（完全变态昆虫）：

这种类型的昆虫不会一下子大变样。它们对待变形可要认真得多。幼年时期，它们和父母长得一点都不像。我们称这些小家伙为**"幼虫"**。

瓢虫就是个很好的例子。幼年时期的瓢虫长得有点丑陋：它的翅膀上没有斑点，身上还长着小刺。它以蚜虫为食，一天至少能消灭100只！等到它吃得很胖，没法行动时，便依附在叶片上，形成一个**蛹**。

蛹是一层旧的表皮，在这里面，瓢虫将换上新装。一周后，一只浑身苍白的鞘翅目昆虫从蛹里爬了出来。身体一旦干透，它的鞘翅，也就是覆盖在后翅上的坚硬前翅，

（a）卵

（b）幼虫

（c）蛹

（d）成虫

七星瓢虫（*Coccinella septempunctata*）

会显现出鲜艳的颜色和漂亮的斑点。这样一来，瓢虫就算正式成年了。这个阶段的成年昆虫被称为**"成虫"**。

多亏了在蛹里度过的换装时间，昆虫才能够长出**形态复杂的翅膀**，这对它们的未来是一个很大的优势。只要想想蝴蝶就知道了。还是毛虫的时候，那些植物和花朵对它们来说简直遥不可及，长出翅膀之后，问题就解决了。蝴蝶和瓢虫这类昆虫被称为**"完全变态昆虫"**，它们在生长过程中完全改变了形态，在蛹中长出了翅膀。

还有一类昆虫，如蚜虫，不会完全改变形态，其翅膀是从身体表面逐渐长出来的，它们被称为**"不完全变态昆虫"**。

昆虫的神经系统会传达蜕壳和变形的信号。它们一旦觉得身上的外壳发紧，大脑就会产生一种**激素**，促使旧外壳下形成新外壳。如今，人们能够在实验室里仿制这种激素。兽医滴在猫咪脖颈上的驱虫滴剂就是基于这种激素研制而成的。这种人工激素能够完全**扰乱**跳蚤的生长过程。它们会过早地蜕去旧壳形成新壳，最终因疲劳而死亡。这种产品对人类和猫咪都没有影响，是非常聪明的做法。毕竟，我们可不希望我们的猫咪在激素的影响下长出翅膀！

和小叮当一样小

来，拔下 3 根头发，并排放好。完成了吗？世界上最小的昆虫正好适合停在这上面。它实在是太小了，以至于人类无法用肉眼看到。它的翅膀上长着美丽的刚毛，只可惜我们没办法看清楚。

我们给这种美丽的小生物起了什么名字呢？**小叮当卵蜂**（*Tinkerbella nana*）！

发现这种昆虫的科学家想要用这个拉丁语名字来突出它小到不可见的特点。因为这位科学家是《彼得·潘》爱好者：在英语中，《彼得·潘》故事中的**精灵小叮当**就叫作**"Tinker Bell"**。其实，这种小小的精灵般的昆虫（属于缨小蜂科）有一个比它还要袖珍的近亲，名字也更加有意思：**夏威夷卵蜂**[1]（*Kikiki huna*）。

这才是地球上目前已知的最小的昆虫：在 1 毫米的范围里，我们可以并排放下 7 只夏威夷卵蜂！

缨小蜂科的昆虫对自然和农业来说意义重大。它们体形很小，因此能落在蝴蝶和蛾这类昆虫的卵上。我们的小小朋友是**寄生虫**。也就是说，它们得依靠其他动物才能存活，有时甚至直接住在了别人的背上。

小叮当卵蜂会降落在蝴蝶的卵上，钻一个洞，往洞里产下自己的卵。这样一来就是卵中卵了！等一切都安顿好了，它的幼虫会把蝴蝶卵当成美餐吃掉。在这枚卵中，缨小蜂科的昆虫会完成交配，等翅膀长好之后离开。生命循环所需要的一切步骤都能在这里完成。

目前人们还不清楚这类小生物的飞行原理。遇到大风时，它们该怎么办呢？它们翅膀上竖起的刚毛是用来指引方向的吗？这种奇特的翅膀能让它们在水下游泳吗？答案很有可能是这样，因为它们总能轻轻松松找到水生昆虫的卵。在水下，这种昆虫依旧可以完成钻洞和产卵。勇敢又机灵的缨小蜂科昆虫就是这样顶替了其他昆虫，靠着其所寄生的卵提供的养分，慢慢长大。它们的小尺寸就是大优势。这么小的生物根本无法引起任何人的注意。因此，人类有时会把它们散播到温室里、蔬菜集市上。它们低调地飞行，靠嗅觉指引方向，往菜粉蝶等蝴蝶的卵上钻洞。这可太好了，要知道，这些蝴蝶可是蔬菜的大敌。

小叮当卵蜂小到可以停在蒲公英的绒毛上。

1　夏威夷卵蜂：发现于夏威夷群岛，学名 *Kikiki huna* 由两个夏威夷词组成，这两个词都带有"微小"的意思。

和歌利亚¹一样大

让我们把手平放在下一页的虫子边。

这就是世界上目前已知的最大的 4 种昆虫的实际尺寸。

从上到下依次为：

乌桕大蚕蛾（*Attacus atlas*）
普尔奈茨巨沙螽（*Deinacrida fallai*）
歌利亚大角花金龟（*Goliathus goliatus*）
海格力斯长戟大兜虫（*Dynastes hercules*）

尽管还有其他大型昆虫，但几乎没有比这 4 种更大的。

昆虫之所以最长不到一米，和空气中的氧气含量有关。它们没有肺，很难吸入维持巨大身体运转所需的足量氧气。大约 3 亿年前，空气中的氧气含量比现在的高得多。在那个年代的沉积地层中，人们发现了翅展可达 70 厘米的蜻蜓。

来，张开你的双臂。

没错，就是这个尺寸。这么大的昆虫还是挺让人害怕的，对吧？

---

1 歌利亚：传说中的著名巨人之一，身材高大，力量无穷。

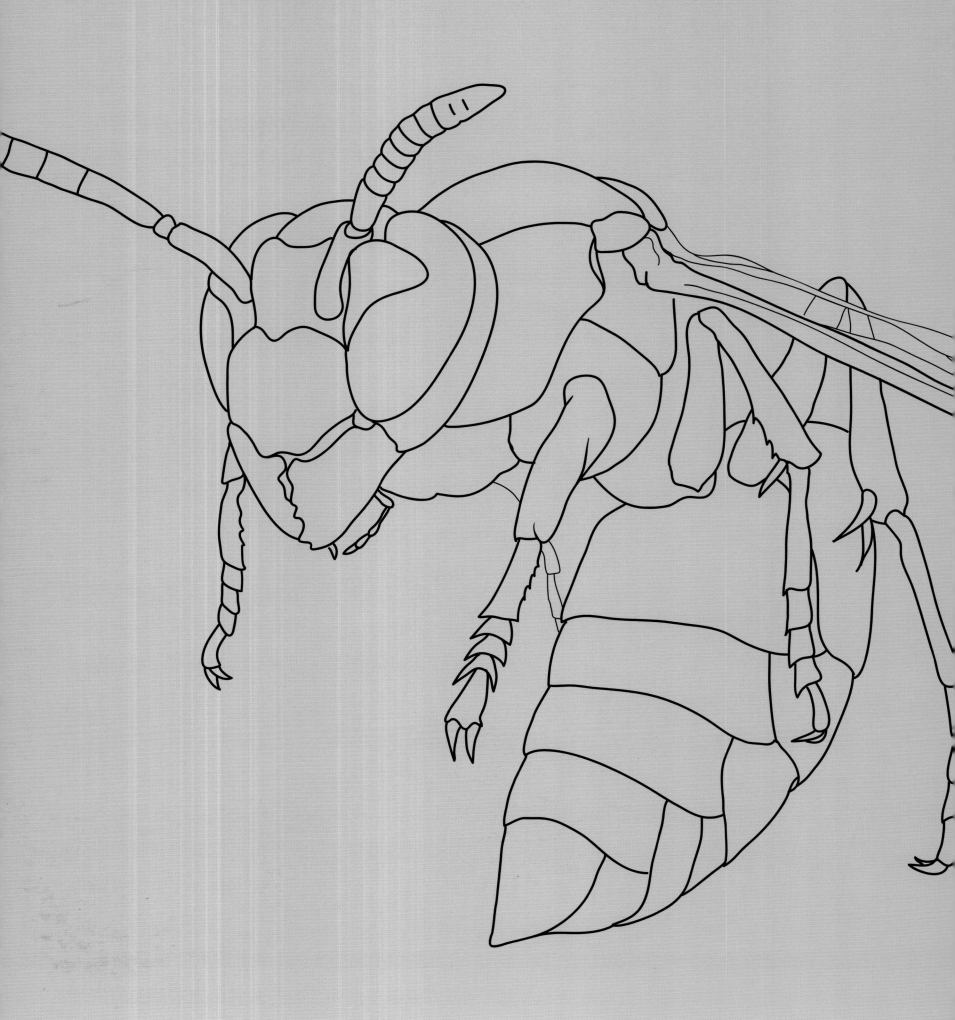

高级自卫课

昆虫大多全副武装，有能力进行一番肉搏战。

在特写镜头下，它们的颚部尺寸惊人，充满着威慑力，让人震撼。

又有谁能禁得住黄蜂那一蜇带来的剧痛呢？

然而，不管是蜇、咬，还是拉、推，都不是聪明的自卫形式。

战斗意味着精力的消耗和未知胜负的结局；

而逃跑意味着放弃巢穴，也不是理想的选择。

因此，在遇到危险时，昆虫都会变得狡猾起来，耍上点花招。

它们给人类上了一堂高级自卫课。

是捉迷藏还是吓唬人？

　　有的动物想尽一切办法隐藏自己；有的动物却身披鲜艳的色彩，让人无法不注意到它们。多奇怪啊，这不是相互矛盾吗？是躲开天敌，还是把它们吓走？哪个才是最好的防御？

　　答案其实很简单：两种方法都可行，只要用心去做，不半途而废。

那些躲起来的小家伙

　　大部分昆虫都在努力让自己变得不起眼一点。例如竹节虫，活像根四处闲逛的小树枝。一些毛虫也会根据周围环境调整自身的颜色和形态。

你能发现这根树枝上藏了多少只昆虫吗？

　　一只毛虫伪装成了**鸟粪**。这是柑橘凤蝶（*Papilio xuthus*）的幼虫。它尝起来是什么味道？闻起来是香还是臭？不知道。但鸟儿肯定一点儿都不想把它放进嘴里。

　　一只毛虫伪装成了**树枝**。鳞翅目尺蛾科（Geometridae）的许多昆虫里，有像叶片的，也有像枝条的。遇到危险时，它们会绷紧身体，伪装成枝条或叶片在枝头保持平衡。

一只毛虫伪装成了**蛇**。这是红天蛾（*Deilephila elpenor*）的幼虫。

一只毛虫伪装成了**蝶蛹**。这种毛虫也被叫作"尺蠖"（尺蛾科）。它移动起来就像在丈量走过的路程一样。它的身子在前进时会画出一道弧线。

一只毛虫伪装成了一个**金属物体**。这是圣歌女神裙绡蝶（*Mechanitis polymnia*）的蛹。幼虫会在这个蛹里变成蝴蝶。蛹上几百万个小鳞片反射着光线，呈现出一种金属质感。鸟儿就是被这种外观吓走的。

一只毛虫伪装成了一个**橡胶玩具**。凤蝶属的昆虫因为翅膀上的眼状斑而闻名，这些眼睛一样的印记也会出现在幼虫的头部或尾部。这些斑点让幼虫看起来很像长着大眼睛的危险动物。在荷兰，凤蝶属的蝴蝶并不多，金凤蝶是其中最出名的一种。

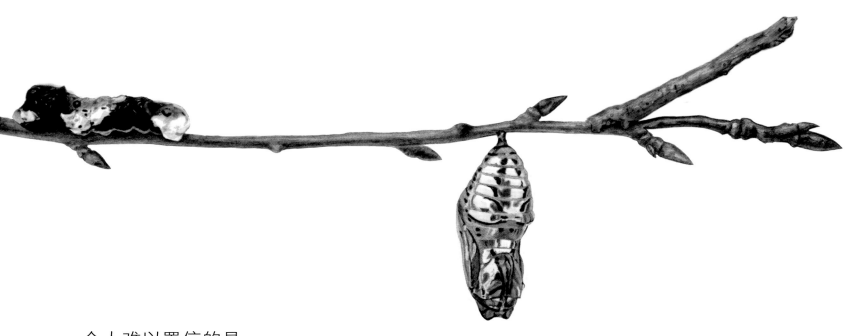

令人难以置信的是，
有一种鸟类竟然会伪装成毛虫！

当然，它并不在我们讨论的范围内。它不是昆虫，更不是毛虫，而是生活在亚马孙丛林中的**栗翅斑伞鸟**（*Laniocera hypopyrra*）的雏鸟。当它把身子蜷起来时，像极了浑身毛茸茸的有毒毛虫。这不是让人有点困惑吗？毕竟在人们的印象中，鸟儿就应该吃掉毛虫，而不是模仿它们！

那些吓唬人的小家伙

毛虫完美展现了两种自卫模式。它们忙着大吃大喝，急着长大，以至于行动都变得缓慢。为了**躲避**天敌，大部分毛虫都会藏在植物里。但也有一些毛虫是有毒的或是不可食用的。这些种类的毛虫当然不会通过身披绿色或褐色来隐藏自己。这种方法可不太聪明：鸟儿可能会落在它们身上并吃掉它们。为了把鸟儿吓走，它们身上会带有血红色、黄色或其他鲜艳颜色的条纹。当然，选择条纹颜色的不是它们自己。在粉红色、浅红色和血红色条纹的毛虫之中，看起来友好的前两种毛虫首先被鸟儿挑选出来。最终，粉红色和浅红色的种类灭绝了，只有带有血红色条纹的毛虫存活了下来。我们能得到什么启示呢？当你有一个目标时，不妨做到极致。选择红色？很好，那就做最耀眼的红！

这样一来，所有碰巧是鲜红色的无毒毛虫也能躲过捕食者吗？答案是肯定的，这就解释了为什么有这么多会吓唬人的昆虫。靠着冒充比自己更有威慑力的生物，这些虚张声势的家伙成功欺骗了它们所在的世界。它们其实弱小又美味，却伪装成那些危险又有毒的生物。机遇又一次降临到了幸运儿的头上。伪装得最好的小家伙能躲过鸟儿的打扰，所以它活了下来，产下了比其他同类更多的后代，它的小花招也越来越有效。这种现象被称作**拟态**或是**模仿**，英国昆虫学家亨利·沃尔特·贝茨首先对此进行了深入研究。带有**黄黑相间条纹**的黄蜂是个典型的例子。许多无攻击性的昆虫都试图采用和黄蜂相似的颜色，来显得凶狠一些。这种黄黑结合的配色非常有效，连人类都开始借鉴使用。我们在交通指示牌、信号灯，甚至是工程车辆上都使用了这些颜色，这可不是巧合。

当某种**小技巧**获得成功时，其他昆虫就会纷纷仿效。不同科的昆虫在长时间进化后最终十分相似，原因也在于此。这就是德国人弗里茨·穆勒发现的第二种拟态模式。也就是说，不同的昆虫为了震慑捕食者，会耍同一种花招，而这样一来，它们就会长得越来越像。这就是为什么许多昆虫身上都带有红色和黑色。瓢虫就是这样。这种虚张声势的效果一直挺好……直到某只饥饿的鸟儿决定碰碰运气，这才揭开了伪装者的面纱。

这种毛虫（凤蝶属）全副武装，只为自保。它身披迷彩绿，背上带有黑色和黄色的条纹，向一切靠近它的生物发出警告。在遇到危险时，它会从腹部伸出蛇信一样分叉的红色"舌头"。此外，它还会散发出一种难闻的气味！

吵吵闹闹，学好数学，就能远离危险

鸟儿和昆虫的关系就像猫和老鼠。对于昆虫来说，鸟儿是致命的天敌。为了从鸟喙下逃脱，昆虫展现出了极强的创造力。

发出噪音

以下是吓走鸟儿的一个好方法：**发出巨大的噪音。**

说到这个，**蝉**可是行家。蝉属于**半翅目**，这一目中还包括蚜虫和臭虫。蝉的外表很奇怪。它的眼睛凸出，又大又圆，头宽宽的，身体是船形的。两对翅膀上的有色翅脉清晰可见。和螽斯、蟋蟀、蝗虫一样，蝉有着强壮的后足，因此逃跑速度飞快。想要抓住蝉可没那么容易。

可不能把蝉在夏天发出的**吵闹声**和蟋蟀的**鸣叫声**搞混了。蝉唱起歌来不用嘴。蟋蟀和螽斯靠摩擦翅膀发出声音，像演奏小提琴一样，而蝉不一样，它演奏音乐的方式更像是在击鼓或钹。它的身体两侧被翅膀遮住的腹部长着**鼓室**，这个发音器像是蒙上了一层鼓膜的大鼓。在发音器的内部，一根"鼓槌"（鸣肌）不停地敲打着鼓面，这样

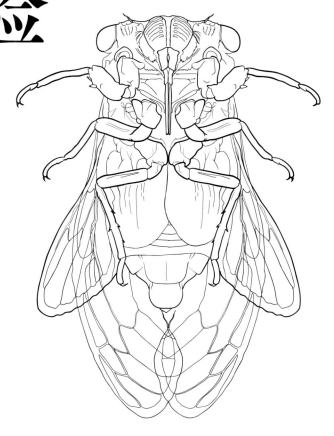

晚秀蝉（十七年蝉）（*Magicicada septendecim*）

演奏出来的声音又响又快。此外，蝉的腹腔是中空的，这有助于增强共鸣。

蝉制造出来的噪音能有效地驱散鸟儿。盛夏时节，蝉鸣的音量可以达到 **120 分贝**。这样的音量相当于一场摇滚音乐会的乐声、一架飞机起飞的轰鸣声或是一台切割机的作业声。这远远超出了鸟儿甚至是人类的听力承受范围。这样的噪音同样会损害蝉的听力，可是，雌蝉还要靠听力来寻找雄蝉呢。因此，为了减少噪音的影响，蝉的鼓室通过一种薄膜连接到听觉器官。每当鼓声响起，它的听觉器官就会自动封闭。好险，不然它可要彻底聋啦。

质 数

蝉在一起发出的声音越大，越能吓跑捕食者。现在，是时候谈谈**周期蝉的算术艺术**了。这些"魔法蝉"仅栖息于北美洲。我们用"魔法"形容它们，是因为它们像是会数数一样！

你知道**质数**吗？

质数只能被 1 和它本身整除。

例如 13 和 17，它们都属于质数。

人们发现，周期蝉只会按照某种固定的质数周期孵化。这些神奇的蝉出生后一直住在地下，等待着第 13 或是第 17 个生日。时候一到，上百万只蝉一起破土而出。换句话说，所有的蝉都选择了同一天出现，**正好是 13 年或 17 年后**。这种大场面真是让人目瞪口呆。

它们为什么要这么做呢？人们还不能完全解释清楚。蝉群发出的巨大噪音确实能够起到驱赶鸟儿的作用，但它们为什么偏偏要等待 13 年或 17 年呢？这实际上是蝉的计谋。事情是这样的：在上百万只蝉纷纷从地下冒出来的那一年，鸟儿可以过上无忧无虑的好日子，根本不用担心食物的问题。填饱肚子后，它们有大把时间来交配和筑巢，提供给雏鸟的食物也非常充足。但来年，那些神奇的蝉全部消失不见，没了食物的鸟儿便会饿死。

在这种情况下，鸟儿没得选：要么永远地死去，要么离开。因此，鸟儿的数量会很快减少。但如果蝉每两到三年就玩一次这样的把戏，想必会被看穿。鸟儿也不傻，对吧？

鸟儿可以飞去别处，过两到三年再回来享受美餐。很多候鸟记忆力很好，会把有充足食物的地点牢牢记在心里。但是，如果要等 13 年甚至 17 年才能吃上丰盛的一餐，那实在是太久了！

2	3	5	7	11	13	17	19	23	29	31	37	41
109	113	127	131	137	139	149	151	157	163	167	173	179
269	271	277	281	283	293	307	311	313	317	331	337	347
439	443	449	457	461	463	467	479	487	491	499	503	509
617	619	631	641	643	647	653	659	661	673	677	683	691
811	821	823	827	829	839	853	857	859	863	877	881	883

长沫蝉（*Philaenus spumarius*）

地球上有每 13 年或 17 年出现一次的神奇的蝉，也有上千种按其他周期规律繁殖的蝉。有种蝉**每 4 年**孵化一次，每个有世界杯的夏天它们都会出现。这种印度蝉（薄翅蝉属）因此有了**"世界杯蝉"**的称号。2026 年美加墨世界杯举办之时就是它们的回归之时。

还有一种蝉，它们每年都会出现，但不会鸣叫，也不懂数数。想要看见它们，你得等到春天。这时，你在薰衣草丛中弯下身来，可以看到茎上的**一簇簇泡沫**。这种泡沫就是长沫蝉的分泌物，这种棕绿色的小昆虫只有 5 毫米长。别的蝉都生活在地底，这些吐泡泡的小虫就不同了，都生活在地面上。若虫会躲藏在自己分泌的黏液泡泡中，让自己保持凉爽。

53	59	61	67	71	73	79	83	89	97	101	103	107
193	197	199	211	223	227	229	233	239	241	251	257	263
359	367	373	379	383	389	397	401	109	419	421	431	433
541	547	557	563	569	571	577	587	593	599	601	607	613
719	727	733	739	743	751	757	761	769	773	787	797	809
911	919	929	937	941	947	953	967	971	977	983	991	997

怒气冲冲

气步甲可没什么好脾气。你如果遇见它，最好赶紧绕着走，毕竟谁都不想和一只随时可能"爆炸"的虫子起冲突。它跑得挺快，但速度和鞘翅目步甲科的其他成员差别不大。它的特别之处在于肚子里翻滚着的混合液体。

气步甲腹内有两个腺体。它们像小袋子似的，装着不同的液体。两种液体中的化学物质一般应避免混合。因为它们一旦发生反应，就会生成一枚破坏性极强的氧气弹。每当气步甲不开心了，或者只是被碰了一下，它就会在肚子里把这两种物质混合起来，炮制出一种滚烫的浆液，温度超过 100 摄氏度。伴随着一声巨响，它就把这玩意儿扔到了敌人的脸上。

这个时候，气步甲为什么没有随着"砰"的一声被抛向空中呢？爆炸的威力足以让气步甲四分五裂，但它居然毫发无伤地逃脱了！科学家们破解了其中的奥妙。他们录下了气步甲发出的爆炸声，再慢速播放，发现听到的并不是一声完整的巨响，而是沸腾的气体产生的数百个小屁。每次放屁之间，气步甲都会拱起背部用腿支撑自己。那它的背部又怎么承受得了上百度的高温呢？原来气步甲腺体里的两种物质直到排出体外的最后一刻才互相接触。这个过程就在它腹部末端的一小块密闭空间内进行。化学反应一完成，这股灼热的混合物就会被推射而出。要不是这样，我们的气步甲早就被火烧屁股了。

气步甲的准头特别好。它喷射出的灼热毒液可以扩散成一个几乎完美的圆形，轻松击中目标。它的腹部末端能够灵活掉转方向，就像一门可移动的大炮。气步甲正是靠着这种方式和啮齿类动物、蜥蜴、青蛙等捕食者对抗。所有想要冒险尝一尝气步甲的动物都会被灼伤嘴巴，它们将用余生来品味这次教训。

非洲气步甲（*Stenaptinus insignis*）

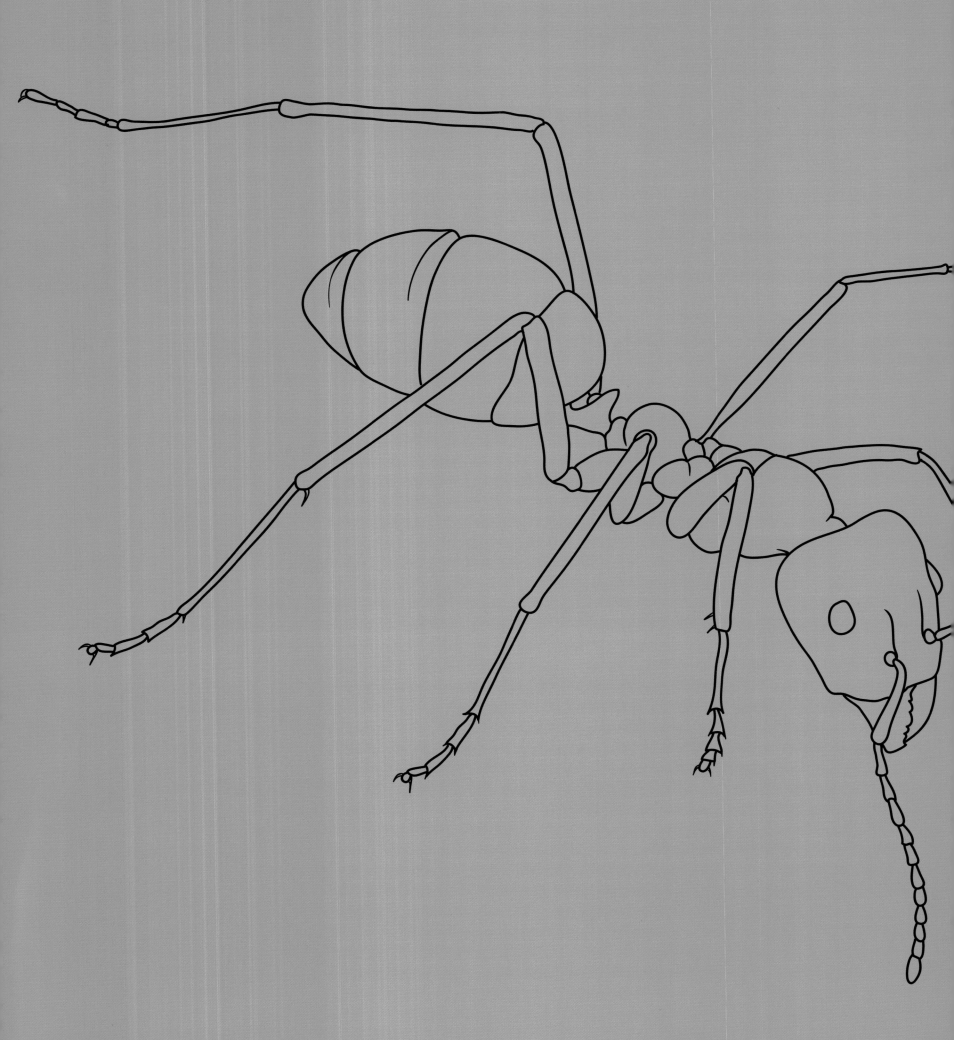

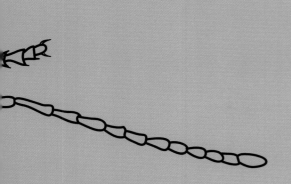

蚂蚁是
动物界的女王

从很多方面来说，

蚂蚁都像极了人类：

它住在公寓楼里，努力工作，

过着社交生活，会为了生存而战斗。

可以说，蚂蚁是除人类之外最有秩序的生物。

不承认也没用，

因为，它们早已踏遍了地球的每个角落。

我为人人，人人为我

和黄蜂、蜜蜂、熊蜂一样，蚂蚁也是**膜翅目**昆虫。1.2 亿年前，大约是恐龙时代中期，花朵开始生长，膜翅目昆虫出现在了地球上。社会性是这类昆虫的特别之处。也就是说，大多数黄蜂、蚂蚁和蜜蜂都过着**群居**生活，遵守着各种**严格的制度**。它们还实行分工制：雄性、雌性各司其职。此外，所有团队成员都只承认一个领导者或一个老板，准确地说，这位老板就是**虫群的女王**。除了女王，虫穴中还有**卵**、**幼虫**、**工蜂（工蚁）**和**雄蜂（雄蚁）**。就蚂蚁而言，它们的巢穴被称作是蚁穴或是**巢群**，里头至少聚集着 10,000 个居民。

这样的巢群是怎么形成的呢？只有当**一位蚂蚁公主**离开它出生的巢穴，踏上成为女王的道路时，才能产生新的巢群。为此，蚁后都长着真正意义上的翅膀。这位公主会爬到蚁穴的最高处。同时，数百只长着

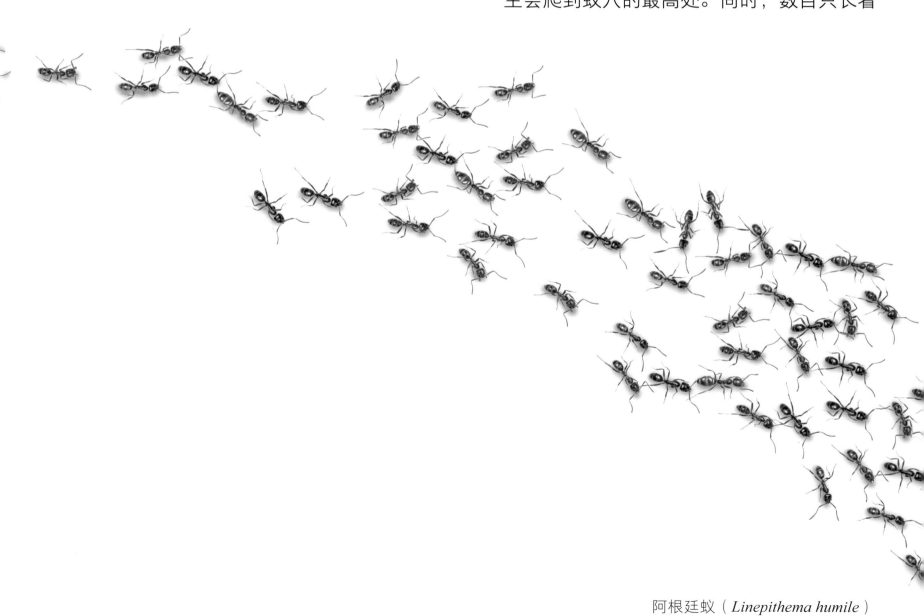

阿根廷蚁（*Linepithema humile*）

翅膀的雄蚁会疯狂地追随着它的脚步往上爬。一旦公主到达顶端，所有的追求者就会和它一同起飞。这就是所谓的**"婚飞"**。所有的雄蚁都想陪伴在年轻蚁后的身边。但它飞得更高，直奔太阳而去。因此只有身体最强健的雄蚁才能跟上它的脚步，获得交配权。这一切都在半空中进行！婚飞结束之后，蚁后会在沙地或干燥的地方着陆。它会咬掉自己的翅膀，这并不会伤害到它。没了碍事的翅膀，它就可以重回地下。**新蚁穴**的第一个洞也是蚁后亲自挖出来的。

不久之后，它就会产下第一批卵。

噗，噗，噗。

在一整天的时间里，蚁后尊贵的肚子里会产出许多卵来。成百上千，数量不定。在接下来的几年里，这样的场景每天都会上演。工蚁会小心地把所有的卵都转移到小洞里，这些小洞起到了**孵化器**的作用。大约两周后，幼虫就会破卵而出。它们长大，蜕壳，变化形态。新的蚂蚁出现，这个巢群也"蚁"丁兴旺起来。

在巢群中，每只蚂蚁都有自己的**特定任务**。蚂蚁的年龄不同，工作的分配也有差异。**年轻的工蚁**在蚁穴内工作。它们每天负责运送卵、幼虫和蛹。几周后，它们会获得一次升职机会，可以从事另一种工作。在蚁穴外工作的工蚁负责为幼虫寻找食物；剩下的工蚁就成了战士。和其他工种的蚂蚁比起来，这些**兵蚁**的上颚更发达。兵蚁的体重可以达到普通工蚁的 100 倍之多。

世界上最大的蚂蚁巢群在度假胜地地中海海滨的地下。这个巢群一路沿着海岸线分布，长达 6000 公里！也就是说，它从意大利的海岸一直延伸到西班牙和葡萄牙的海岸。这个巢群中居住着**阿根廷蚁**。在这个超级巢群里，所有不同部族的巢穴由通道连接。这种情况之所以会发生，是因为阿根廷蚁和别的蚂蚁不同，它们不怎么向同族的其他部落宣战。当然，这个庞大的巢群里有很多个蚁后。如果只有一个蚁后，那它就得在意大利和葡萄牙之间旅行。没有翅膀，又没有四轮马车，它要怎么办呢？阿根廷蚂蚁最初并不生活在欧洲，但这个**超级巢群**让它取得了巨大的成功。我们把这种成功的动物称为害虫，有点奇怪吧？

"爱我,就跟随我!"

为了保证一个大型蚁群顺利运转,蚂蚁之间必须能够随时相互**交流**。当然,蚂蚁是不会说话的。要是成千上万的蚂蚁在同一时间闲聊起来,那会多么嘈杂啊!

除了少数种类,蚂蚁的听觉都不发达。它们虽然长了5只眼睛,但视力并不好:这些眼睛只能感知到光影和动态。这么一来,蚂蚁靠什么在地下生活那么久呢?

为了传递**信息**,蚂蚁之间会用**触角**互相触碰。但更重要的是它们身体散发出的**气味(信息素)**。正是靠着这些信息素,蚂蚁才能够标记出一条指向食物的路线。蚂蚁在行进时会散发出一种气味,身后跟来的同伴也会照做。这样一来,沿路的气味会变得越来越明显。**这就是蚂蚁总会列队行走的原因**。它们的长队一旦被打散,

蚂蚁们就会完全迷失方向。前方同伴留下的痕迹被弄得一团糟,蚂蚁们只能重新传播气味了。

对于一只迷了路的蚂蚁来说,最坏的情况是什么呢?**原地打转**。

如果队伍里打头阵的蚂蚁远远地闻到了**队尾**那只蚂蚁散发出的气味,这种情况就会发生。

第一只蚂蚁试图追随队尾蚂蚁的气味前进,这种错误可以说是致命的。于是,整个蚁群开始打转。蚁群中所有的蚂蚁都散发着同样的气味,更可怕的是,这种气味还会越来越强烈。所有的蚂蚁都无力抵抗。这上千只可怜虫像被牵引着似的,疯疯癫癫又迷迷糊糊地打着转,根本停不下来。几天后,它们会像无头苍蝇一样精疲力竭而死。

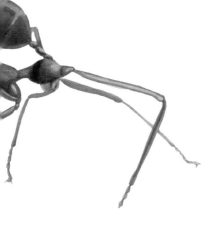

除了**"爱我，就跟随我"**这样的信息，蚂蚁还会发出**"注意危险"**和紧急求救的信号。它们会散发出一种特殊的气味来警告其他伙伴有危险，例如需要绕着走的东西，甚至是疾病或敌人……另外，每个蚁群都有一种特定的气味，就像**通行密码**一样。没有这种气味，便无法进入蚁穴。这解释了为什么两只蚂蚁碰面时，都要先互相打个招呼，再把对方闻个遍。一旦密码不对，免不了又是一场生死搏斗。

对蚂蚁来说，每种气味对应着不同的信息。例如，有种**脂肪酸**和死亡挂钩。如果我们在一只健康的蚂蚁身上滴上一滴，它就会被无情地驱逐出蚁穴。除了人类，一些昆虫也发现了脂肪酸的妙用。黄蜂就是其中之一。它并不喜欢脂肪酸，但还是在蜂巢的入口处涂上这种物质。这样就能够阻止蚂蚁闯入它们的巢穴。蚁酸是一种蚂蚁独有的气味。你可以把鼻子凑近装有蚂蚁的罐子，很容易就能辨认出这种味道。只要稍微逗弄一下蚂蚁，它们就会从身体末端释放出蚁酸。咬伤对手时，为了增加攻击的威力，它们也会分泌这种物质。对于蚂蚁来说，蚁酸是实打实的紧急求救信号，收到这一信号，整个蚁穴都会进入**全面警戒**状态。空气中的微量蚁酸就足以让所有蚂蚁提高警惕。

通过研究蚂蚁散发的气味，科学家们研发出了一种对抗**蚂蚁物种入侵**的新产品。如果被证明有效的话，科学家们考虑把它应用在地中海沿岸的**超级巢群**上。世界上一共有 3 个超级巢群，其他两个分别位于日本和美国加利福尼亚州。日本蚂蚁散发的气味会引起地中海蚂蚁的敌意。科学家们在实验室中重现了这种气味。这种气味一旦被投放到地中海的超级巢群中，那儿的蚂蚁们可都要失去理智了。它们会识别不出自家的通行密码，开始自相残杀，活生生上演一场内战。

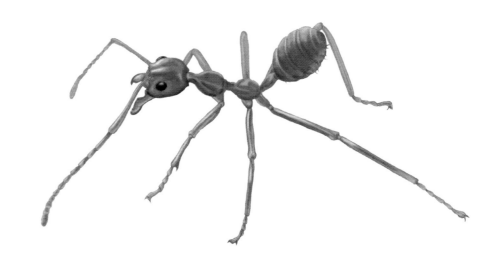

长结红树蚁（*Oecophylla longinoda*）

甜食、朋友和诈骗

除了交换信息和气味，蚂蚁也会互相输送**食物**。蚂蚁有两个胃，里面都装着美味的"冰沙"，它们可以用嘴把它传递给同伴。真是个美味的吻呀。每天，数千克的食物通过这种方式滋养着整个蚁穴。但比起"冰沙"，蚂蚁们更喜欢**蜜汁**，因为糖可以补充能量，不会发霉也不会腐坏。难怪蚂蚁喜爱甜食呢。

蚂蚁**对糖的痴迷**是出了名的，以至于很多昆虫都根据这个特点调整了自己的生活方式。**蚜虫**就是最好的例子。它们会吸取大量的植物汁液，远远超出自己所需的量。多出的汁液让它们能够分泌出一种蜜露，以小水珠的形式挂在自己的背上。但蚜虫不会随随便便把这种蜜露交给别人。想要得到它，蚂蚁得先用触须轻拍蚜虫。这样一来，我们就明白了为什么蚜虫身边总是围着一群蚂蚁。蚂蚁不仅会给蚜虫"挤奶"，而且是真的把蚜虫当成**奶牛**来饲养。如果蚜虫的生存空间不够，蚂蚁会把它们运送到另一块"牧场"，也就是附近的另一片叶子或者另一根茎干上。冬天到来时，有的蚂蚁甚至会把蚜虫赶回"牛栏"，也就是自己的蚁穴里。蚂蚁还会拼了命地从

瓢虫之类的天敌手里保护蚜虫。在调查了超过 4000 种蚜虫之后，人们发现，几乎所有的蚜虫都和蚂蚁有着甜食交易。有的蚜虫甚至会让蚂蚁收养自己的幼崽。这些戒不了糖的养父母会把蚜虫宝宝带到蚁穴的地洞里，给它们适当的养育。

在蚁穴里住下的昆虫被称作"喜蚁昆虫"，是蚂蚁的"朋友"，尽管它们并不一定都心地善良。和蚜虫一样，豆灰蝶（*Plebejus argus*）的幼虫算得上是蚂蚁真正的朋友。因为这种毛虫也会生产蜜露。**用糖换保护**，蚂蚁和这些昆虫都从这样的关系中受益。

然而，有时也会出现**不诚信**的交易。有些毛虫其实是小骗子。它们长得很像豆灰蝶的幼虫，但实际上并不会分泌蜜露。蚂蚁有时会错把它们带回蚁穴。一旦得逞，这些骗子就会吃掉身边所有的蚂蚁卵。大蓝蝶（*Phengaris arion*）是一种非常罕见的蝴蝶，它的幼虫会模仿蚁后的声音。因此只要动动嘴，它们就能讨来免费的大餐。

蔷薇长管蚜（*Macrosiphum rosae*）
黑褐毛山蚁（*Lasius niger*）

蚂蚁也不总是诚信的。它们中有一批"奴隶制拥护者"。它们不去完成困难的觅食任务，而是喜欢袭击临近的蚁穴。这些蚂蚁会把所有的蛹都偷回自己的巢穴，在第一时间吃掉这些俘虏。但如果战利品实在太多，来不及吃完，那些逃过一劫的蛹就会成功孵化。"奴隶主"蚂蚁便向这些新生蚁散播充当通行密码的气味，把它们都变成自己的奴隶。

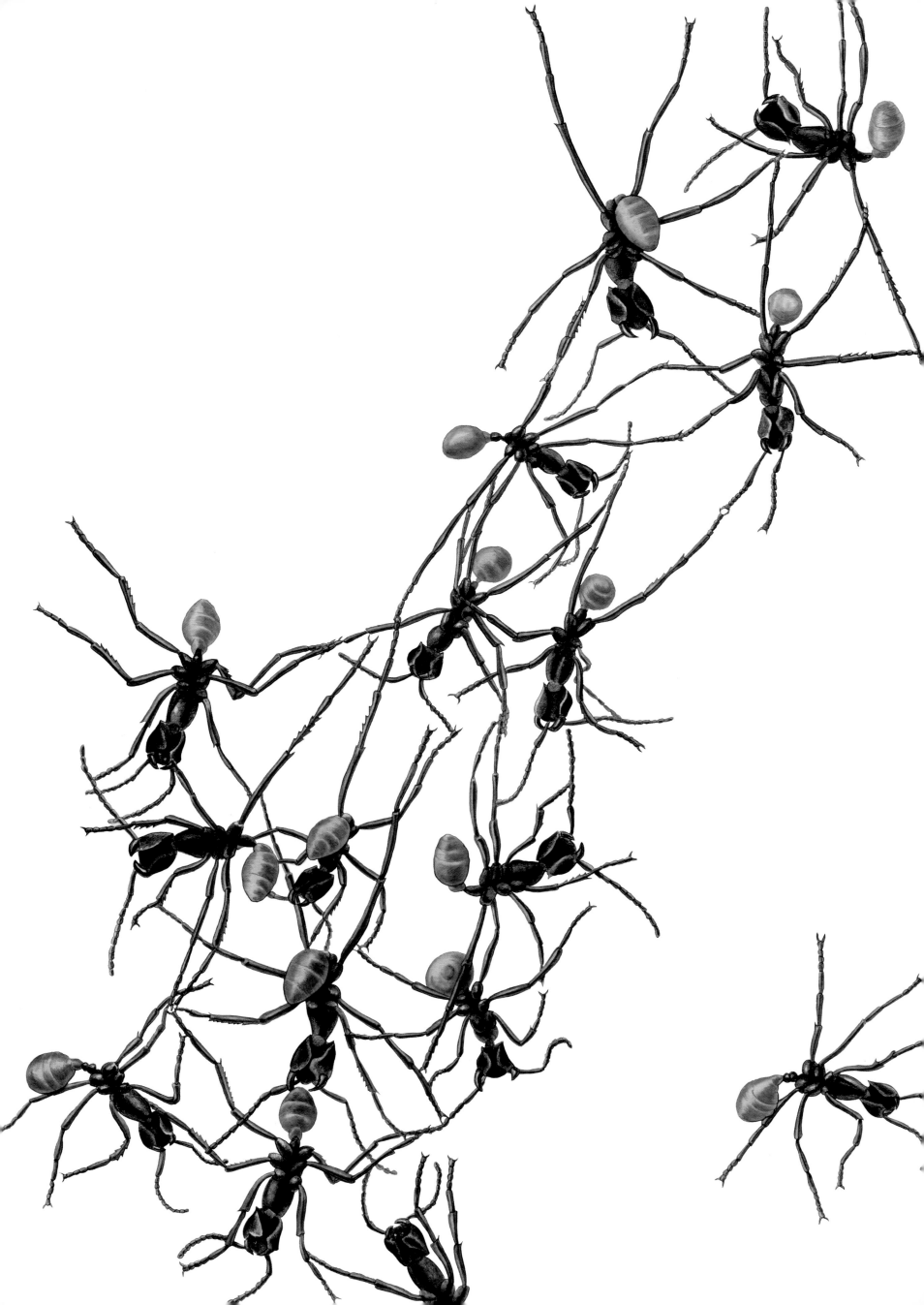

行军蚁，与死亡有约

某些蚂蚁在其他动物眼里可是**十足的危险分子**。**行军蚁**就是最可怕的那个。它们是游荡在南美洲的一支大军，军中有上百万的士兵。这支军队会用它们巨大的颚把所有挡路的东西都撕成碎片。随后，这些碎渣还会被它们喷洒上消化液。当行军蚁队伍到来时，所有的动物都闻风而逃。

行军蚁就像古罗马士兵一样，在整片大陆的各个区域里穿行。它们从不建造蚁穴，永远在路上，包括蚁后在内的所有成员都要跟随大部队行动。在**长途行军**之后，仿佛不知疲倦的行军蚁也要喘一口气。它们会在树木间搭建营地。这些士兵**足钩着足**，悬挂在树干和树枝上，形成链条状或网状。蚁后、幼虫和蛹就在营地中间休息。有时，行军蚁队伍中工蚁的数量高达**700,000 只**，能形成长度超过一米的巨网。天刚蒙蒙亮，行军蚁们便会拆散营地，再次出发。如果蚁后在行军途中走失或是发生意外，那可糟糕了。整支军队都会掉转方向去寻找蚁后。如果行军蚁们没能碰到蚁后，跟丢了它留下的气味踪迹，整个蚁群就会瓦解。分裂出的各个小队会另寻出路，加入其他蚁群。

行军蚁也在非洲出没，它们在那里被称作**"狩猎蚁"**。因为它们，有时整个村子的人都要被疏散。不过，居民们并不太介意。当狩猎蚁对他们的家进行大扫荡时，他们会暂住到周边的亲戚家去。狩猎蚁捕猎它们前进道路上的一切：蟑螂、老鼠……所有没能及时逃走的动物都会被吃得一干二净。喀麦隆的穆弗人甚至会邀请狩猎蚁来做客。当这些农夫想要除掉田地中出没的毛虫和其他小动物时，他们便到森林中寻找这些神圣的狩猎蚁。他们躺在地上，乞求狩猎蚁来自己的村庄。有时，他们会把狩猎蚁装进小罐子里带回去。遗憾的是，村民的邀请并不是每次都有成效。

除了驱赶动物外，狩猎蚁在某些非洲部落中还有另一个功能。狩猎蚁大颚的咬合力实在太强，以至于马赛人会用它们来缝合伤口。马赛医师会捏拢伤口边缘，直接让蚂蚁咬住接合处的皮肉，这就算缝合好了。狩猎蚁在几天内都不会松口。在这期间，伤口会逐渐愈合。

布氏游蚁（行军蚁）（*Eciton burchellii*）

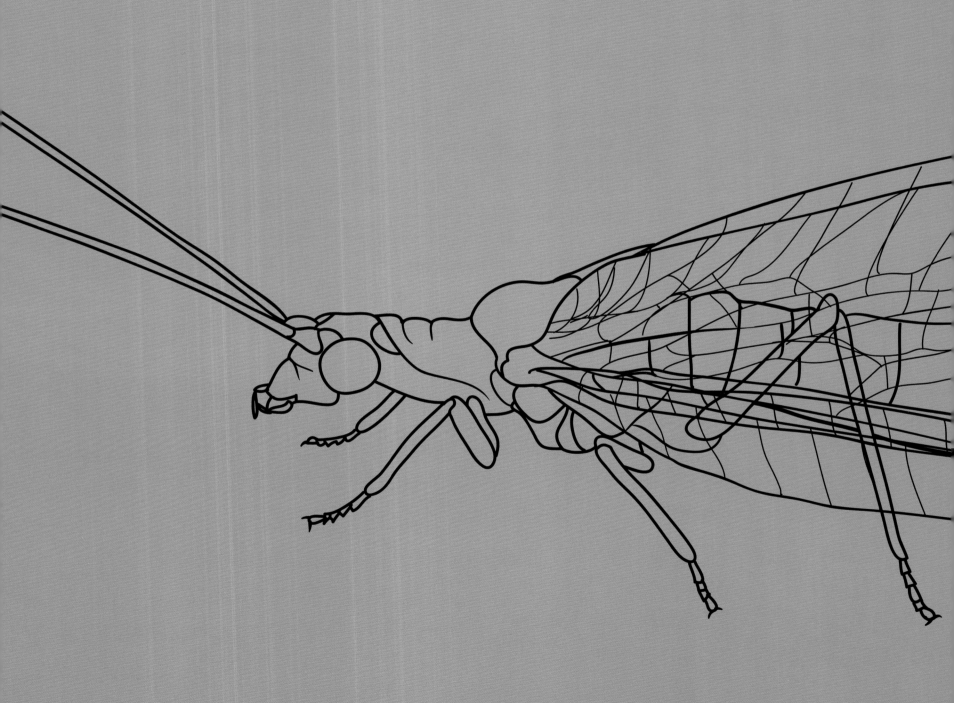

阴招

一本书要有趣，
里面就少不了陷阱和阴招。
毫无疑问，大自然就是最引人入胜的那本书。
让我们一起来看看，
伪装成温顺羔羊的草蛉，
布下致命陷阱的蚁狮，
以及下狠手不眨眼的绿长背泥蜂吧。

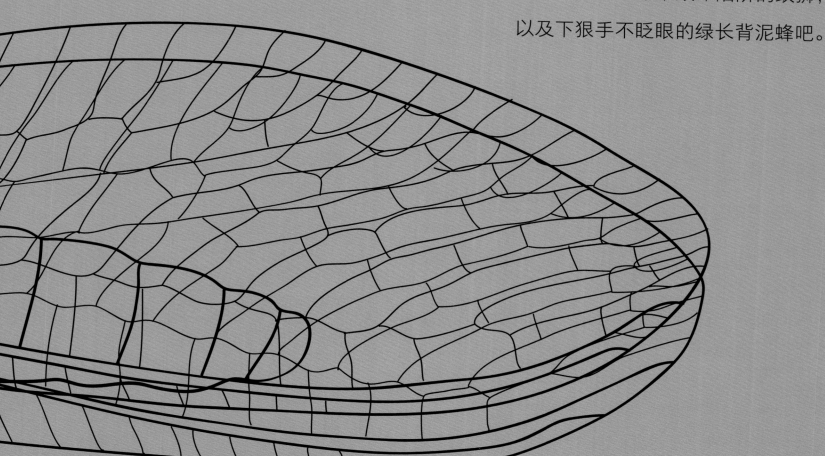

披着羊皮的草蛉

在主人的眼皮底下行窃的绅士大盗？这说的就是草蛉的幼虫。

草蛉的幼虫喜欢吃蚜虫，特别是**赤杨绵蚜**。我们有时能在灌木丛中发现这些浑身裹着白絮的蚜虫。它们分泌出的这些绒毛当然不是真羊毛，而是一种能够让大部分捕食者下不了嘴的物质。

草蛉的幼虫长着**尖尖的口器**，可以刺穿蚜虫的身体，像**吸血鬼**一样吸干它们的体液。幸运的是，蚂蚁保护着这些蚜虫，像牧羊人守护着一群羊。为了穿越蚂蚁这道防线，草蛉幼虫会先从落单的蚜虫下手。草蛉幼虫的头部有像**叉子**一样的部分，可以剥掉蚜虫身上的白絮，就像给羊羔剃毛。

然后，草蛉幼虫**用这身"羊毛"把自己裹个严实**，只把危险的口器露出来。它背上的小钩子可以防止"皮草"脱落。这样一来，它和蚜虫就很难被区分了。靠这种方法骗过蚂蚁之后，它就可以尽情地吮吸蚜虫的体液。

应该说，草蛉幼虫才是**真正披着羊皮的狼**。

幼虫一旦完成蜕变，就会变成浑身蓝绿色的优雅飞虫。它们长着半透明的绿色翅膀，连眼睛都泛着金光：这就是成虫草蛉，它的幼虫被称作"蚜狮"。尽管草蛉小时候是个吸血鬼，但它漂亮得让我们可以原谅它的所作所为。

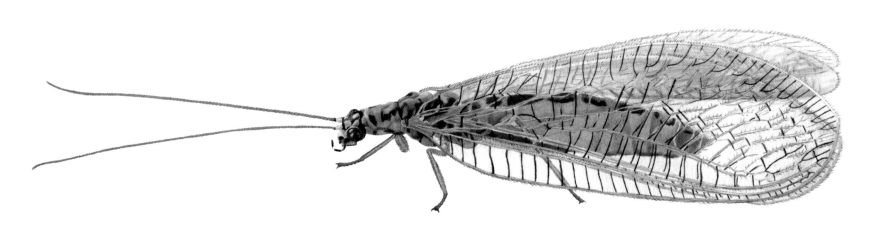

黑腹草蛉（*Chrysopa perla*）

下页上方：赤杨绵蚜（*Prociphilus tessellatus*）
下页下方：斯氏草蛉（*Chrysopa slossonae*）

蚁狮的藏尸地

有一种昆虫比草蛉的幼虫——蚜狮还要过分。

那就是**所有蚂蚁的噩梦**：蚁狮。在古代，它被认为是半狮半蚁的生物，但这个小家伙长得和狮子一点都不像。此外，蚁狮是蚁蛉的幼虫，成虫蚁蛉长得和蜻蜓很像，并不吓人。

蚁狮的捕猎方式也和狮子大不相同。**它会在沙地里挖一个坑洞。**正如古罗马作家老普林尼[1]所说，这儿就是狡猾的蚁狮的藏尸地。蚁狮会用身体末端掘出一个漏斗状的坑洞，然后躲在里头，只露出它的大颚。蚁狮耐心地等待着蚂蚁的到来。等到这些受害者从洞口路过或恰好在坑边驻足时，蚁狮开始不断向外弹抛沙子。这个流氓并不急着直接抓住猎物，它只是想让沙洞松动、塌陷。那么，猎物不管往哪儿逃，最终都会被流沙推进洞中心。蚁狮不会趴在漏斗沙洞的正中央，而是潜伏在阴影里。这样一来，它几乎就隐形了。

不等可怜的蚂蚁反应过来，捕食者的大颚已把它牢牢夹住。蚁狮会往猎物身体中注入一种有毒物质，在麻痹猎物的同时，还能把它的内脏化为美味的浓汤。

蚁狮静静地躲在巢穴的沙子里，吞食着它的猎物。如此巧妙地捕猎。不，吞食这个词还不够恰当。这位狡猾的猎手也是个美食家，它看不上嚼不烂的肉，只想喝更鲜美、更容易消化的汤汁。应该说，它吸食捕获的蚂蚁。

—— 让－亨利·法布尔

1　老普林尼：即盖乌斯·普林尼·塞孔都斯（公元 23—79），古罗马百科全书式的作家，著有《自然史》。

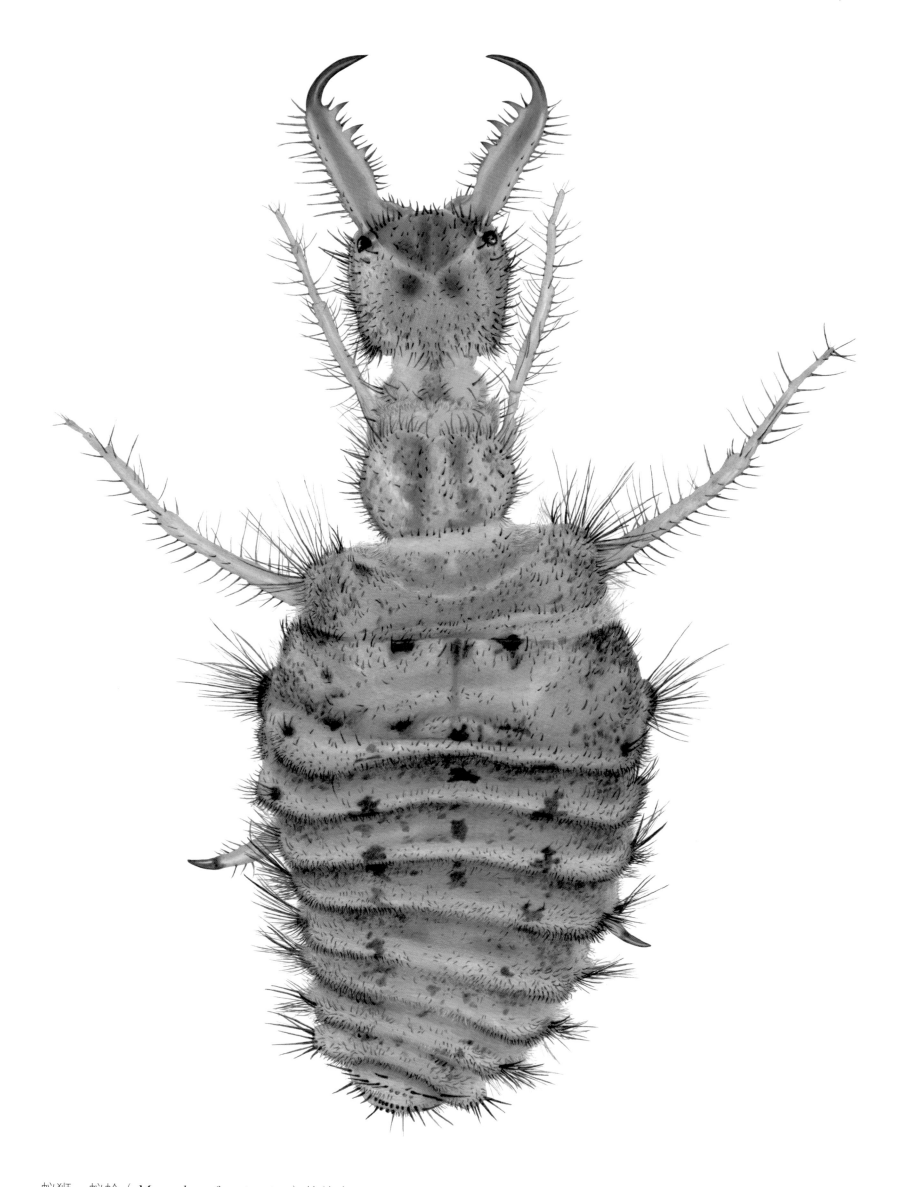

蚁狮，蚁蛉（*Myrmeleon formicarius*）的幼虫

绿长背泥蜂与僵尸

美洲家蠊（*Periplaneta americana*）和绿长背泥蜂（*Ampulex compressa*）

如果要拍摄一部关于绿长背泥蜂的纪录片，那一定得记得标明**"少儿不宜"**。

绿长背泥蜂是地球上最可怕的动物之一，没有谁能在遇见它之后还安然无恙。和它的恶名相反，绿长背泥蜂乍看起来完全不吓人。它迷人的绿色外衣在阳光下闪闪发光，使它看起来仿佛一块宝石。它的食性也无可指摘：绿长背泥蜂属于长背泥蜂科，这类昆虫能帮助我们摆脱蜚蠊——蟑螂。还有比它们更有益的昆虫吗？

其实，绿长背泥蜂自己吃得并不多，反倒是它的幼虫的"餐桌礼仪"值得一说。泥蜂一家就餐时的场景像是一场真正的恐怖电影。在产卵前，泥蜂妈妈会挖好一个洞穴。接着，它便开始动身寻找身强体壮的蟑螂。它伸出螯针，像医生一样灵巧地对猎物进行**两次螫击**。第一针快速扎进蟑螂的胸部神经，注射毒液将其麻痹。很快，"病人"就会在"医生"的摆弄下变成平躺或侧躺的姿势。第二针更是精准无比：螯针由柔软的颈部刺入，直抵大脑。螯针不仅仅是一根简单的刺，还兼有探测的功能。在蟑螂熟睡时，泥蜂便使用它来探查蟑螂大脑的情况，寻找理想的位置，再次注射毒液。这样一来，蟑螂失去了自主活动的能力。

蟑螂就这样变成了一具僵尸！

等这位"病人"醒来时，它已经完全变成了泥蜂的奴隶。泥蜂只需轻轻牵住蟑螂的一根触须，就能领着这具行尸走肉乖乖来到已经挖好的洞穴中，如同人类牵着一条拴了狗绳的狗。一到家，泥蜂妈妈便将一颗卵产在蟑螂的腿上。3天后，幼虫破卵而出并在蟑螂体内定居，在那里发育成蛹。在接下来的两周内，幼虫会不慌不忙地吃掉这具僵尸。泥蜂宝宝不喜欢随意啃咬。它的进食很有规划。两餐之间，它会分泌一种"皂液"给蟑螂消毒。如此一来，这具僵尸就能尽可能长时间地存活……对于正在长身体的小宝宝来说，新鲜的食物难道不是非常重要的吗？**但除了绿长背泥蜂，谁又能想出这么恐怖的方法呢？**

最近，人们发现了长背泥蜂属的新物种。为了给它起个最合适的名字，科学家们还组织了一场取名大赛。最终人们以**《哈利·波特》**系列中可怕的**摄魂怪**[1]为灵感来源，选定了**摄魂怪泥蜂**（*Ampulex dementor*）这个名字。如果有好心人想要拯救可怜的蟑螂，让它们免遭噩运，那只有第一时间为蟑螂注射真蛸胺。只有这种解毒剂才能唤醒僵尸，驱走"摄魂怪"。让我们手拿魔杖，大喊：**"哈利！真蛸胺、真蛸胺、真蛸胺！"**

---

1 摄魂怪：《哈利·波特》系列小说中的一种怪物，会用兜帽下面的"嘴"吸取人们的灵魂。

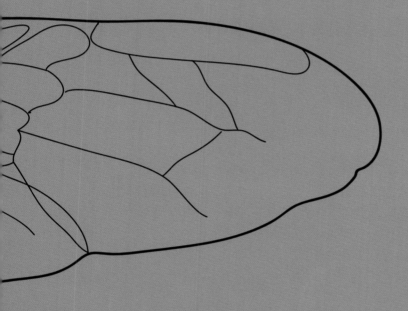

有关爱这件事

昆虫之间并不存在深厚的情感，这确实是事实。

但与此同时，对昆虫来说，

繁殖又是一切行动的主旨，就像许多其他动物一样。

昆虫灵巧的足和宝贵的翅膀不仅能帮助它们逃离危险，

而且能让它们环游世界。

找配偶就更用得上了。

所谓配偶，就是最适宜繁育后代的好妈妈或好爸爸。

蝴 蝶

在形容**陷入热恋的人**时，人们总会想到"**肚子里有蝴蝶在飞**"这一俗语。

在古希腊语中，蝴蝶被叫作"**普赛克**"（psyche）。这个词也有"精神"或"灵魂"的意思。过去，人们相信，如果一只蝴蝶飞进家中，那是此处先民的灵魂前来拜访。在许多国家的文化中，蝴蝶翩翩入室是一种吉兆。

荨麻蛱蝶（*Aglais urticae*）

飞蛾是与蝴蝶相似的一类昆虫，它们同属于鳞翅目。不过，蝴蝶只在白天飞行，而大部分飞蛾在夜间飞行。

以下是几个分辨蝴蝶和飞蛾的小技巧：在休息时，蝴蝶的翅膀是合拢的，而飞蛾的翅膀是平摊着的；蝴蝶的触角顶端像个嫩芽，而飞蛾的触角像个小弹簧或呈细丝状。

跟蝴蝶有关的美妙爱情故事有很多，**普赛克和厄洛斯**的传说更是其中的经典。

波纹蛾（*Thyatira batis*）

普赛克和厄洛斯

普赛克是个特别美丽的希腊女孩，容貌胜过美神**阿佛洛狄忒**。这让美神心生嫉妒。她给普赛克下了一个诅咒：这个女孩将无法和人类男子结为夫妻，必须嫁给一头名叫**厄洛斯**的怪物，后者就在自己的宫殿中等着她。普赛克对神谕深信不疑，非常悲伤地离开了自己的村庄。她在旅途中迷了路，风把她带到了一座宫殿中。那是全希腊最华美的宫殿，当然，住在那里的正是厄洛斯。厄洛斯是个半人半兽的王子，还长着翅膀。因为羞于展露自己的模样，他从来不让别人看见他的脸。每天现身之前，他会把宫殿里的灯火全都熄灭。

厄洛斯对普赛克非常好，两人度过了一段幸福快乐的时光。但有一天，普赛克想要再见家中两位姐姐一面，便恳求厄洛斯用风把姐姐们带到宫殿来。厄洛斯照做了。姐姐们出于好奇，很想看一看这个怪物的真容。她们不相信普赛克居然从来没有看过这位王子的正脸。在姐姐们的一番煽动下，普赛克决定在厄洛斯熟睡时点亮一盏小油灯，好看个清楚。她还拿上了姐姐们给的小刀：如果厄洛斯真是怪物，那她就可以用这把刀保护自己。夜幕降临，普赛克溜进了王子的卧室。她悄悄点燃了灯，但当她把灯靠近厄洛斯的脸时，不小心把一滴滚烫的灯油洒在了他的肩膀上。厄洛斯一下子惊醒过来。普赛克发现，他不仅不是什么怪物，还是自己见过的最英俊的男孩！愤怒的厄洛斯展翅从窗户飞走了。普赛克痛苦万分，也跟着纵身一跳。幸运的是，众神之王宙斯目睹了这一切。在普赛克即将坠落地面时，他让少女的肩膀上长出了一对蝴蝶翅膀。

你可以想象，在得知普赛克还活着的消息之后，阿佛洛狄忒感到很不高兴。她抓住蝴蝶少女，让其成为自己的奴隶。她为普赛克量身定制的苦役一次比一次折磨人。有一次，她命令普赛克整理一整个谷仓的 6 种谷粒。普赛克必须把混在一起的各种谷粒分别挑选出来，这简直是非人的要求。这件事传到了厄洛斯的耳朵里。他实在看不下去了，决定出手帮助普赛克。厄洛斯召唤了他的蚂蚁朋友们来帮忙。一夜之间，它们就完成了这项任务。普赛克重获自由，拥有了在神界生活的资格。宙斯也奖励了这位蝴蝶少女，让她和厄洛斯结为夫妻。从此以后，厄洛斯就成了往我们肚子里送去蝴蝶的爱神。

小心"妖女"！

萤火虫也被叫作"发光蠕虫"，但它们和蠕虫其实毫无关系——它们是会发光的**鞘翅目昆虫**。白天，它们安安静静；但到了夜晚，从 6 月开始，它们无声却又炫目的盛大表演就会拉开序幕。

萤火虫的腹部末端会发出一种**美丽的绿色荧光**。"发光蠕虫"中的"蠕虫"实际上指的是雌性萤火虫的形态。雄性萤火虫长着鞘翅和后翅，是名副其实的鞘翅目昆虫。而雌性萤火虫没有完全变态，形态介于幼虫和成虫之间。萤火虫喜欢待在小路边高低适中的草丛里。如今，在光污染的影响下，萤火虫正逐渐从我们身边消失。

萤火虫只有**"尾灯"**。它一般由身体的最后两节组成，能发出光来。萤火虫的身体里有两种物质：荧光素（luciferin）和荧光素酶（luciferase）。这些物质汇聚到一起时，能在不发热的情况下产生光亮，也就是说，萤火虫的屁股不会因此着火。夜幕降临时，雌性萤火虫开始营造浪漫气氛，变成充满诱惑的"妖女"。它们爬到草地上，挑选一个从远处也能一眼望见的位置，然后它们靠那盏"尾灯"邀请雄性前来交配。在人类看来，这点光亮就像是亮着灯的广告牌，宣传着**夏日恋情**的美妙。萤火虫男孩们急着赴约，也亮起了身后的小灯。伴着越来越亮的"灯光"，这场约会将延续数个小时。某些种类的萤火虫会让身后的"尾灯"保持常亮，而其他的种类会按照自己的喜好让它闪个不停。通过这种方式，恋人们可以相会相知。但恋爱嘛，不太可能头一个晚上就来电。在找到真爱之前，雌性萤火虫连着几晚都会安排约会。直到意中人降临，它才会关闭身后的灯。

奇怪的是，并非只有求偶期的萤火虫才发光。萤火虫的卵和幼虫也会发光。科学家们对此大为不解。针对幼虫发光的现象，他们更是争论不休：如果光只是用来挑选雄性，那为什么未成年的幼虫也要发光呢？后来人们发现，幼虫只会在受到攻击的时候发光，同时会流出气味难闻的血滴。这是许多昆虫使用的一种防御技巧。这么看来，萤火虫并不甘当其他捕食者的盘中餐。在一片黑暗之中，捕食者往往并不清楚自己在和谁打交道。这时候，萤火虫幼虫就亮起一盏绿灯，提醒道：**"别碰我！"**

在北美洲生活着一种可恶的骗子，它就是**女巫萤**。女巫萤喜欢吃其他种类的萤火虫。雌性女巫萤会**假装**自己坠入了爱河。它模仿其他种类的萤火虫的发光方式，闪烁着光芒来吸引追求者。这样一来，它就能把那些不是同种的年轻雄性萤火虫诱骗到身边。追求者还没来得及意识到自己的错误，就被女巫萤扑在身下，吞进肚里。女巫萤因此被生物学家们称作**"蛇蝎美人"**。但女巫萤并非完全铁石心肠。它也懂得通过闪烁的信号来吸引同种的雄性萤火虫，前提是它真的动心了。

欧洲栉角萤（*Lampyris noctiluca*）

甲虫，活生生的珠宝

这个故事得从 3000 年前说起。

库赞是墨西哥玛雅人的公主，长得非常美丽。她的父亲打算把她嫁给邻国的王子，库赞却偷偷地和贫农的儿子查尔博相爱了。两人约定一生一世都在一起。这件事最后还是传到了国王耳朵里。他下令逮捕查尔博，还命令士兵将他处决，当作祭品献给玛雅神。

行刑那天，美丽的库赞哭倒在了父亲脚下："父亲，求您放过查尔博！我愿意和您选定的男子结婚。"国王同意放这个年轻人一条生路，作为交换条件，公主答应此生再也不和查尔博见面。国王还把祭司们召来，让他们把查尔博变成了一只丑陋的黑色甲虫——一种注定要生活在腐败的泥土、树枝和垃圾中的甲虫。

一天，公主在树林中撞见了这只可怜的小虫子。她把它带回了宫殿，让皇室珠宝匠给黑色甲虫镶嵌上各种宝石。她还在虫子的一只足上拴了条金链。一番装饰之后，它看起来就像一枚漂亮的胸针。公主把它别在胸口，这样一来，查尔博就能一直听到爱人的心跳声。

在墨西哥的尤卡坦半岛，人们经常用一种叫**墨西哥幽甲**的黑色活甲虫制作珠宝配饰。墨西哥幽甲的名字在玛雅语中的意思是**"您是位男性"**。墨西哥幽甲生活在森林里，树枝上、腐木中都能找到它们的踪迹。春天，人们会捕捉幽甲，带到珠宝匠那儿去。甲虫们会被镶上金箔、水晶和其他宝石。到了夏天，人们会把这些活生生的珠宝卖给情侣和游客。

人们用一根链子就可以把这种活着的胸针别在心脏的位置。多亏了结实的甲壳，墨西哥幽甲在遭受了这样的对待后还可以存活一段时间。这时正确的照料方式是把它放在一个有食物和水的小笼子里，让它休息、恢复。但不幸的是，大部分人都没能好好照料它们，很多墨西哥幽甲就这样死去了。库赞和查尔博之间的爱情是永生的，相比之下，人类给予这些小昆虫的爱就太短暂了。

墨西哥幽甲（*Zopherus mexicanus*）

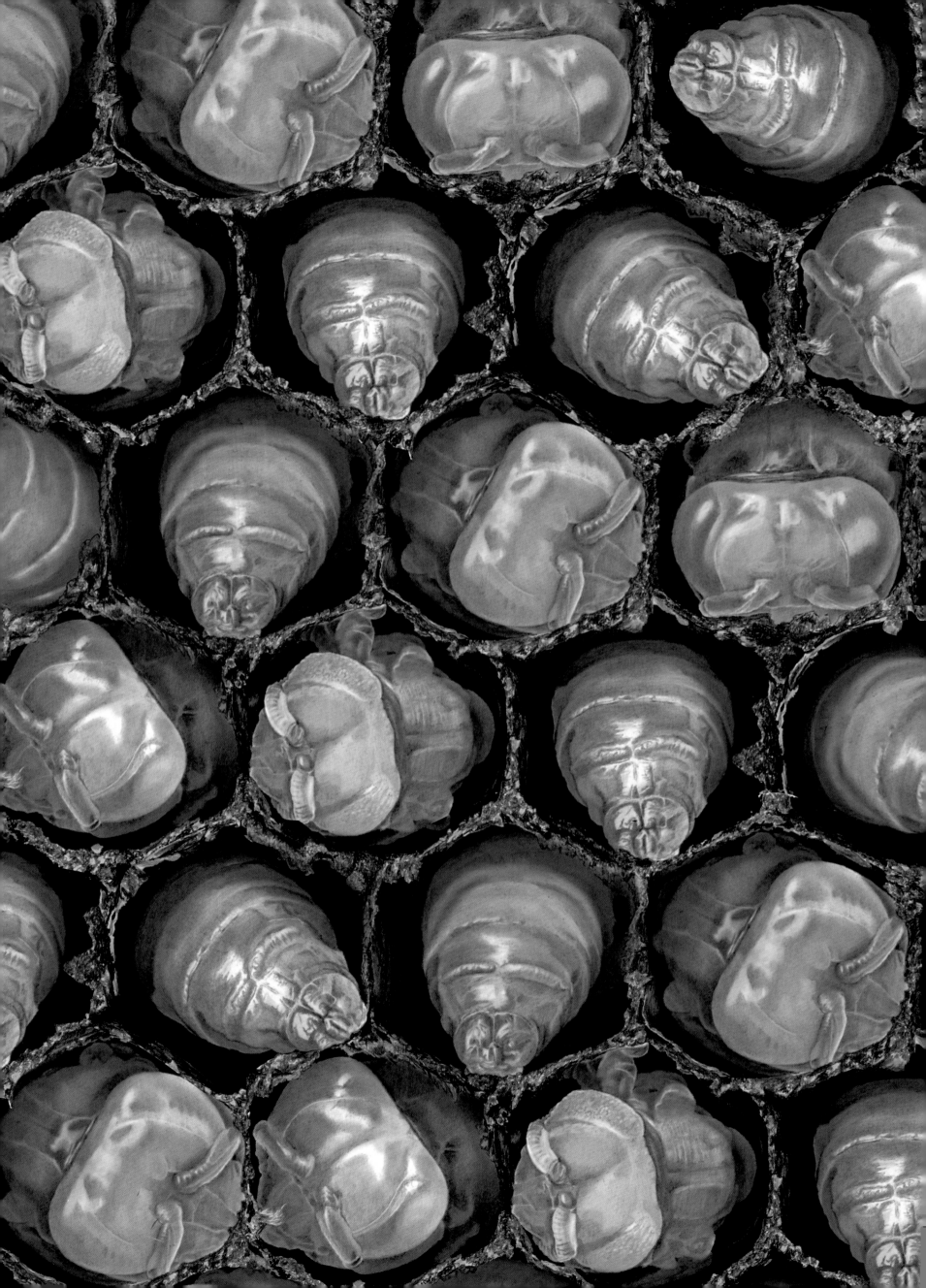

蜂巢之中，姐妹之爱

所有生物都在寻找繁殖之法。

繁殖，意味着制造自己的**复本**。这是所有生命的基础。

早在 35 亿年前，地球上已经出现了能够自我繁殖的单细胞生物。但自我繁殖有它的缺点，一些"缺陷"也通过复制被保留了下来。此外，复制体永远无法超越本体。这时，结合（交配）和情感应运而生。复制只需要一个本体，而结合需要妈妈和爸爸两个本体。他们一起创造出**一个"混合体"**，也就是宝宝。这是双方特征的一次新融合。这就是为什么我们可能眼睛像爸爸，而睫毛像妈妈。因为继承了父母亲各一半的特质，我们只是爸爸和妈妈的二分之一个亲属。我们的兄弟姐妹也是如此。对于 4 位祖父母来说，我们则是四分之一个亲属。这种数值被称为"亲缘关系"，可以通过分数计算来生动地体现。

对于昆虫来说，交配与这种分数、家族关系密切相关。雄性与雌性交配后，虫卵内的遗传物质一半来自爸爸，一半来自妈妈。但在蚁群中，蚁后处于领导地位，是唯一的繁殖者。蜜蜂和黄蜂中的工蜂，蚂蚁和白蚁中的工蚁都不生育后代。它们把这个机会留给了巢中**唯一的母亲**。怪事还远不止这一件。例如，雌性蜜蜂——不管是工蜂还是蜂后都是由交配产生的，但雄蜂不是。雄蜂只是蜂后的复制体，由未受精卵发育而成。也

就是说，和女宝宝不同，男宝宝并没有爸爸！

这是为什么呢？科学家们花了很长时间才理解这一现象。为什么工蜂不想生宝宝？这种行为似乎是有违自然规律的。英国人汉密尔顿是第一个解开谜团的人。这位昆虫学家在他还是学生时就爱上了分数运算。为了理解他的观点，我们要做几道算术题。

工蜂是雄蜂和蜂后的**女儿**。这意味着它继承了母亲的一半特征（1/2），另一半则来自雄蜂父亲（1/2）。而雄蜂是蜂后的完全复制体（1/1）。如果我们写下这个分数算式，就会发现工蜂和蜂后有**四分之三**（3/4）的亲缘近似性：

$$\frac{1}{2} \times \left(\frac{1}{2} + \frac{1}{1} \right) = \frac{3}{4}$$

也就是说，蜂巢中所有姐妹之间都有四分之三的亲缘关系。如果工蜂自己也产下后代，那后代和母亲之间的亲缘关系就只有一半（1/2）。聪明的汉密尔顿就此发现，蜂巢中的姐妹之爱胜过了它们养育后代的欲望。蜂巢中大量姐妹互帮互助的情况便出现了。对它们来说，蜂后能给自己产下许多小妹妹，这就够好了。在蚂蚁、白蚁、熊蜂和黄蜂身上，我们也能看到相同的现象。汉密尔顿的分数算法解释了为何这些昆虫在群体生活中工作得这么卖力，却几乎不为自己着想。紧密的亲缘关系连接着所有的姐妹，给予它们勇气和舍己为人的力量。

西方蜜蜂（*Apis mellifera*）的幼虫

蠼螋是最温柔的妈妈

qú sōu
蠼螋是一种爬行的昆虫。它长着镊状的尾铗，像极了珠宝匠刺穿耳朵时用的小钳子，所以也被叫作"**耳夹子虫**"。但实际上，这种昆虫和耳朵毫无关系。传言说它会试图钻进在草地上睡觉的小孩子的耳朵里，吃掉他们的脑子，这是完全没有根据的。

雄性和雌性的蠼螋都有尾铗，但只有雌性的尾铗是相互平行的。是的，它们身后的夹子只用来夹住其他昆虫，不是螫针，伤不了人。

蠼螋一点也不挑剔：从植物到垃圾，它们**什么都吃**，蚜虫也是它们的食物之一。蠼螋是否对植物有害？科学家们还没能在这个问题上达成一致。但可以肯定的是，它们并不受人欢迎。人们会毫不犹豫地把人字拖拍在它们的头上，或是用扫帚赶走它们。

这太不公平了，要知道，蠼螋可是**最温柔的妈妈**。喜爱独居、毫无社会性的蠼螋居然能把孩子照顾得那么好，真让人意想不到。蠼螋妈妈不仅照顾虫卵，而且清洗它们，防止卵上生霉。当若虫出生后，这位母亲每天都会给它们带来食物。这可能看起来很正常，但其实这些若虫在没有任何帮助的情况下完全能够自己觅食。蠼螋妈妈这么做其实是为了防止若虫自相残杀。这些小混蛋可是真真正正的"食人魔"。它们会不管不顾地互相吞噬，直到剩下最后一只吃得饱饱的、长得胖胖的幸存者。也就是说，蠼螋妈妈不能让若虫饿肚子太久，得时时刻刻看护着它们。在小家伙们离巢之前，蠼螋妈妈还会给它们一份甜点作为告别礼物。

这点心就是它自己的身体！

这就是蠼螋的母爱！人们称这种现象为"**噬母**"（matriphagy），也就是吃掉自己的母亲（"噬母"一词由"matri"="母亲"和"phagy"="我吃掉"组成）。

这种现象在蜘蛛中很常见，在昆虫中就很少见了。

有时候，我们的弟弟或是妹妹实在太烦人，让人恨不得把他们给生吞了。要描述这种情况，学一点拉丁语词汇就行。只要把"phagy"加在以下想要吃掉的对象后面，就能瞬间变身语言大师：

matri= 妈妈，patri= 爸爸，

fratri= 兄弟，sorori= 姐妹。

以此类推，人们可以说自己"噬西蓝花"（broccoliphagy），也就是对西蓝花有着强烈的食欲。怎么样，很简单吧。

欧洲球蝗（*Forficula auricularia*）

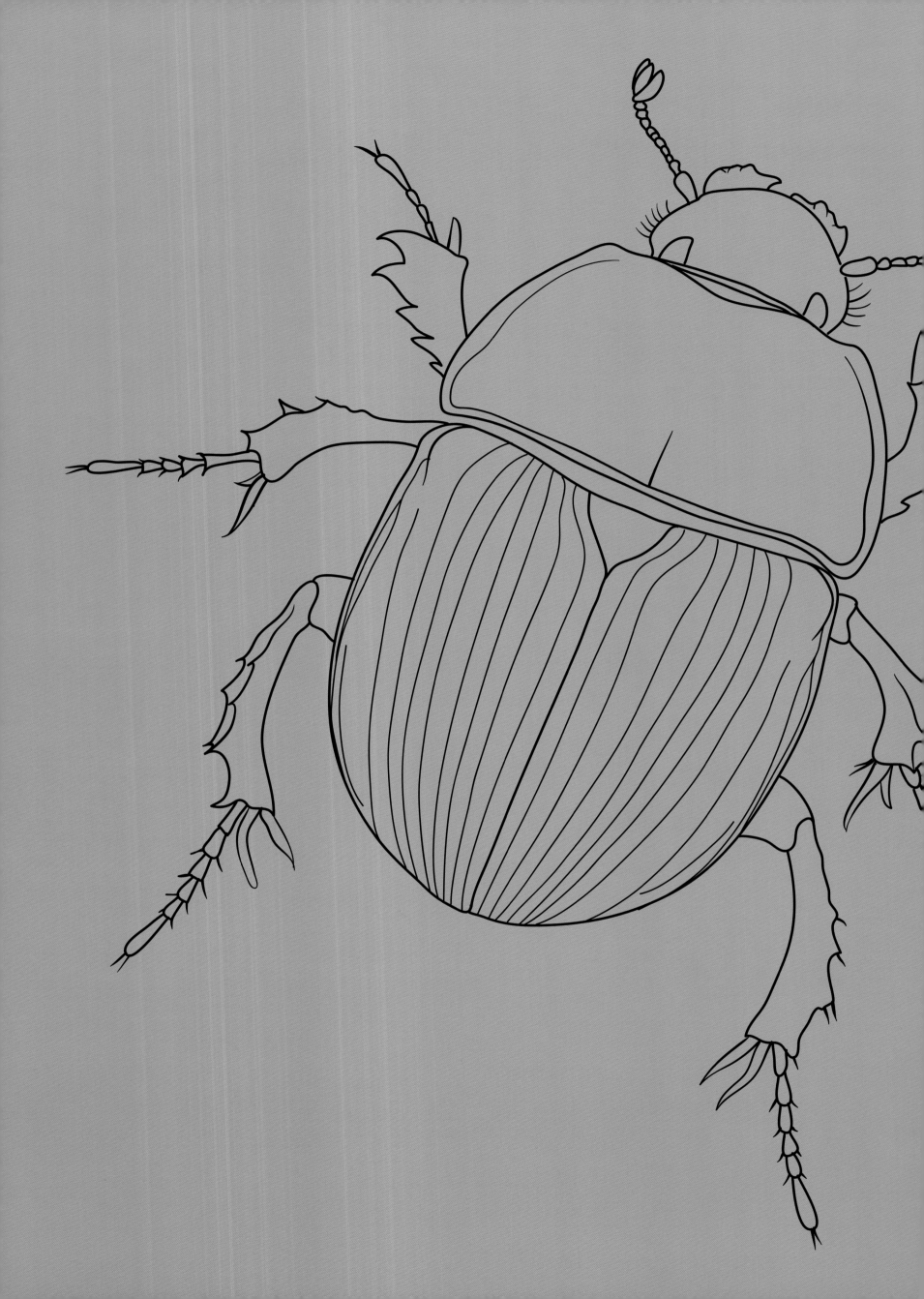

理想居所

海洋里、陆地上、空中。好吧，海洋还是算了。

昆虫几乎在所有地方都能找到一处理想居所。

必要时，它们还会自己动手建造家园。

深入探访几种鞘翅目昆虫的住处后，

会不会想要更了解它们一点？

那得赶快动身了，

毕竟它们是地球上动物中最庞大的一支家族。

穿上长靴，戴好手套，鼻子夹上晾衣夹，

我们这就出发，

勘察沟渠，潜入池塘，还得闻一闻……粪便。

海上生活

小测验：

说出一种在海里生活的昆虫。

这题挺难吧？昆虫和海洋一直不合拍。

在人类已知的 100 多万种昆虫中，

只有少数几百种生活在海洋里。

海洋这片领域已经被昆虫的表亲，也就是**甲壳动物**占据了：

虾和蟹都是甲壳动物，和昆虫一样同属节肢动物门。

这两类生物还有些别的共同点：都有外壳、触角、分节的身体和尾须；它们都产卵，从卵中孵化出幼体……

为什么昆虫不能在海里生活呢？

是海水太咸了吗? 并非如此。某些蜻蜓、苍蝇和蚊子会在沿海地带或是沼泽中生活，那儿的水有时比海水更咸。

是海浪太汹涌了吗? 这也不对。昆虫又小又轻，占不了多大地方，暴风雨来临的时候，它们只需随风而动。

是它们在水中无法呼吸吗?

回答正确。所谓呼吸，就是从空气或水中吸取氧气。然而，水中的氧气含量要比空气中少得多，在这种情况下，鳃是必不可少的器官。甲壳动物和鱼一样，都长着鳃，但大部分昆虫没有鳃。水生昆虫有一种非常特殊的水下呼吸法：它们会随身携带一个气泡。我们都知道，气泡能让物体漂浮在水面上，但这对像羽毛一样轻的昆虫来说并不方便。带着气泡的话，它们难以游到很深的地方。这下麻烦了，昆虫这样很容易被抓住。水面附近的光线充足，游得更深的鱼儿只要抬一抬头，就能发现这些无法潜入幽暗水域的猎物。这也是为什么大部分的水生动物，例如鱼类和鲸类，都是背部颜色深、腹部颜色浅。这是一种在水中生活不被注意的好方法。

人类已知的那些海洋昆虫为了和水抗衡，更喜欢"脚踏实地"，依靠一个个平台来活动。一片漂浮的海藻或一艘船，都是理想选择。紧要关头，鸟类羽毛或是海豹皮毛也可以充数。

有种**虱子**特别喜欢给**企鹅**挠痒痒。它们就住在这些海洋鸟类的羽毛里，暖和又安逸。企鹅潜水时，这些虱子会尽可能地紧贴羽毛，屏住呼吸。

企鹅虱（*Austrogoniodes waterstoni*）

从上到下依次为：姬水黾（*Gerris lacustris*）、褐水龟虫（*Hydrophilus piceus*）、
蓝绿仰泳蝽（*Notonecta glauca*）、沼石蛾属的某一种（*Limnephilus* sp.）的幼虫

扎进水中

荷兰有大量的沟渠和湖泊，这些地方自然聚集着许多水生昆虫。幼年期的水生昆虫尤其喜欢淡水和避风的隐蔽角落。这些幼虫在长出翅膀之前都会在水下生活，等它们学会了如何飞翔，天空才会取代池塘和沟渠。豆娘和蜻蜓就是如此。

左侧页面展示了几种用小型捞网就能从水里捉到的常见水生昆虫。你可以试一试，当然，在观察之后记得把它们放回水里。有些水生昆虫的名字十分有趣，例如，**"溜冰者"** 和 **"水蜘蛛"**，这些都是黾蝽的别名。当然，有些名字可能稍显复杂一些……

"巨水龟虫" 又称 **"褐水龟虫"**，这种昆虫多在夜间飞行，寻找新的落脚点。它会被水面的反光吸引。阳光明媚的夏日清晨，你可以在花园的充气泳池里找到它。当你把它抓在手里时，会感到它表面干燥，因为水会从它的鞘翅上滑落。但这么做的时候一定要小心，这种鞘翅目昆虫会咬人。你还有可能被它腹部锋利的边缘割伤，但对于褐水龟虫来说，这个部位就像龙骨之于船一样重要。

水龟虫有**大**有**小**，大的可以长到 4 厘米长。它游起泳来就像在划船。通过交替摆动桨一样的后足，它**能像陀螺一样打转**。和大多数鞘翅目昆虫一样，水龟虫会飞，但这并不是它的强项。实际上，它可能是所有鞘翅目昆虫中**最笨拙**的那个。它会撞上所有的障碍物，在外壳上留下凹痕。

水龟虫的呼吸方式和潜水员的很像。触角就是它的呼吸管，腹下的气泡就是氧气瓶。你只要把它翻个身，背朝下，就能看到这颗**闪着银光的小气泡**了。

仰泳蝽是肉食性动物，仰泳游得又快又稳：这也是它名字的由来。这种行动方式能让它更好地感知水面的波动，捕猎也会随之变得更容易。美味的食物只要一动，这个匪徒就会全速出击。小心！**它会咬人，蜇起人来更痛**，"水蜜蜂"的名号可不是虚的。

还有一种长着巨型"桨"的水甲虫，叫**"欧洲大龙虱"**，也被称作"镶着金边的潜水员"。它攻击和捕食昆虫、小型鱼类、蝾螈和蝌蚪。幼虫会从颚里分泌出一种能麻痹猎物的毒素，比它们体形大得多的鱼类也只能乖乖就范。

毛翅目昆虫通称"石蛾"， 是一种平平无奇的棕色飞蛾。它的生命极其短暂，一生吃不了多少东西。石蛾的幼虫石蚕就要奇特多了。它是非常有才华的建筑师，能用小石子和植物碎片等材料造出一座外壳一样的房子。它会把唾液制成的丝线当作水泥来组合材料。这座"房子"能为幼虫抵挡危险，也能增加其重量，使它不会被水流冲走。此外，它还会在家附近布置"渔网"，捕捉零碎的食物。石蚕只有在水质良好的水域中才能存活。

灰蝎蝽一动不动的时候就像一片枯叶，浑身颜色和周围环境融为一体，如同隐身了一样。它游起泳来也是不慌不忙的。灰蝎蝽身后的**螯针**看起来可怕，实际上并不能造成什么伤害：这就是根呼吸管，负责把氧气输送到它的气管里。

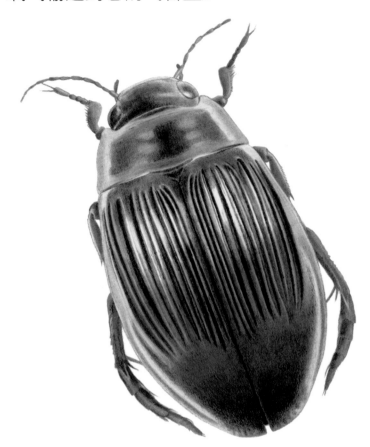

欧洲大龙虱（*Dytiscus marginalis*）
灰蝎蝽（*Nepa cinerea*）

水黾在水面上行动自如，因此也被叫作"水蜘蛛"或者"溜冰者"。它常在水上走，却滴水不沾身，因为它体表的细毛能隔离水珠，其长腿能分散体重，让它避免落水。即便一个大浪打来，它也能保持平衡。你不相信？如果用棍子猛击水面，水黾不会失足，反倒是我们有可能滑倒并跌入池塘。比起"溜冰者"，水黾更像是位"冲浪者"。水黾以不小心落入水中的昆虫为食。为了不被淹死，这些昆虫落水后都会挣扎一番，而这些动作都躲不过水黾的足的侦测。这位运动健儿天天在水面游走，完全不把鱼类当威胁。原因很简单，大部分鱼类都会被它腹部臭腺散发出的**难闻气味**倒了胃口。

豉甲虽然被叫作"回旋虫"，但其实它不旋转，只**舞蹈**。它在水面上的一举一动都可以用优雅来形容。但可惜这位舞者和之前提到的溜冰者一样，都不太好闻——它的幼虫会分泌出难闻的液滴来吓退鱼类。鱼儿只有在食物短缺、饿得发狂时才会打豉甲的幼虫的主意，吃之前还会把它们洗干净。没错，鱼类会清洗食物，喝一口水，再扇动鱼鳃就行了。但它们的餐桌礼仪也是有限度的。如果洗过的豉甲依旧难闻，鱼儿还是会选择吐出来。

鱼儿越饿，反倒越有清洗食物的耐心。科学家们发现，鲈鱼用来清洗的时间正好是一分钟，一秒都不会多。一分钟后，如果鲈鱼还是不满意食物的口感和气味，就会把嘴里的东西吐出来。一些豉甲就此找到了应对鲈鱼的办法：它们会分泌更多的恶臭液滴，或是放慢分泌速度，希望鲈鱼洗到放弃，放它们自由。

黄足豉甲（*Gyrinus natator*）

豉甲一次能产下很多幼虫，其中总有几只比其他幼虫更难闻。在这个偶然事件的影响下，最臭的幼虫会比它们的兄弟姐妹活得更久，长大之后也会产下更多的后代。这种难闻的气味作为家族特质被小宝宝们继承了下来。随着时间流逝，豉甲会越来越难闻，而鲈鱼在清洗豉甲这件事上也会越来越有耐心。这种永无止境的、没有谁真正获胜的斗争就是**"自然选择"**。偶然事件负责让某种生物个体变得不同，而大自然会决定到底是谁能笑到最后。自然选择和生命本身是同时出现的，它是自然界的最高法则。

便便，美味！

对于某些昆虫来说，有粪的地方就是好地方。其中最勤"粪"的来客当然是**蜣螂**了。

蜣螂属于鞘翅目下成员最多的**金龟子科**。它们的触角顶端是扇形或小叶形的。地球上有 6000 多种蜣螂，除南极洲以外的任何一块大陆上都有它们的踪影。这种鞘翅目昆虫浑身又黑又亮，十分美丽。它们有宽阔的躯干和有力的前足。它们的幼虫呈 C 形，生活在地下。

蜣螂从来不碰肉食性动物的排泄物，只以草食性动物的粪便为食。它们从含有大量植物碎屑和种子的粪便中汲取养分，一餐结束，就把残羹剩饭滚成**球状**。

正是因为这种习性，蜣螂也被叫作**"推丸"**：它们制作出的粪球活像一颗颗药丸。

这些粪球被储存在地下，里面都有蜣螂的卵。蜣螂的幼虫出生后，就住在粪球里，以粪球为食。幼虫需要数月甚至数年的时间才能长成成虫。等到粪球一个不剩的时候，它们会变成小甲虫，钻出地面来。

蜣螂的嗅觉非常灵敏：它们从很远的地方就能嗅到粪便的味道。某些蜣螂甚至会跟着牛或其他草食性动物行动。这些大家伙在哪儿上厕所，蜣螂就去哪儿打扫卫生。这花不了多长时间：只要 15 分钟，连大象粪都能清理干净！要不是有蜣螂帮忙，人类就要在粪堆里前行了。换句话说，通过搬运粪便和种子，蜣螂为维护自然环境做出了巨大的贡献。最初，在澳大利亚几乎没有蜣螂。为了让土地变得肥沃，澳洲农民特意引入了它们。还有一点别忘了，粪便越少，烦人的苍蝇也就越少。

滚粪球需要大量的时间和精力。有些懒惰的蜣螂自己不愿意劳动，只想着从别人那里偷一个。为了躲开这些**小偷**，那些勤恳工作的蜣螂不得不提高警惕，把粪球滚得离粪堆远远的。它们一边用后足推动粪球，一边观察附近有没有小偷。小偷一旦上前，火药味就重了！两只蜣螂的前足勾在一起，各不相让，都想把对手甩到一边去。它们且行且战，有时能跑出一米远。没错！为了粪便，它们不惜战斗到底。

条纹小粪金龟（*Geotrupes spiniger*）

蜣螂**力气很大**。

它们滚得动相当于**自身体重50倍**的粪球！要把粪球运到储存点，最短路线当然是两点之间的直线了。蜣螂会蹚过水沟，翻过土丘，一路无视障碍物，走直线到达终点。长期以来，研究人员一直想知道这些小甲虫是如何保证走直线的。由于很多蜣螂都在夜间活动，科学家们推测它们的这项技能应该和月亮或星辰有关。研究发现，蜣螂的小眼睛能感知到人类看不见的特殊光线。当研究人员用小小的眼罩遮住它们的眼睛时，蜣螂就没法走直线了，只会推着粪球到处乱走。

但并不是所有的蜣螂都会滚粪球。

除了爱滚粪球的蜣螂，还有爱待在**家里**的和喜欢挖**地道**的。那些不爱出门的蜣螂喜欢直接在粪便里安家。而那些喜欢挖掘的种类（属于粪金龟科）在制作出一个粪球之后，会把它运送到地洞里藏起来。生活在荷兰的一种喜欢马粪的蜣螂就是挖掘高手。

你可以通过甲虫的体形分辨出爱挖掘的种类和爱滚球的种类。善于挖掘的蜣螂都长着角突，仿佛缩小版的犀牛角或鹿角。多亏了这只角，它们才能一边倒着走，一边提防路过的其他蜣螂，可不能让它们把宝物给抢走了。

早在**古埃及**，蜣螂对于土壤肥力的重要性已为人所知。法老统治埃及时期，这种甲虫是一种神圣的动物，受人崇拜。各种文物上都有它的身影，只是它推着的不再是粪球，而是太阳。蜣螂把太阳推向天空，晨光洒遍大地；蜣螂把太阳埋入地下，夜幕笼罩人间。它是天文学家，是足球运动员，还是神圣的昆虫！多亏了这种甲虫，草木和花朵才能继续在我们的星球上生长。

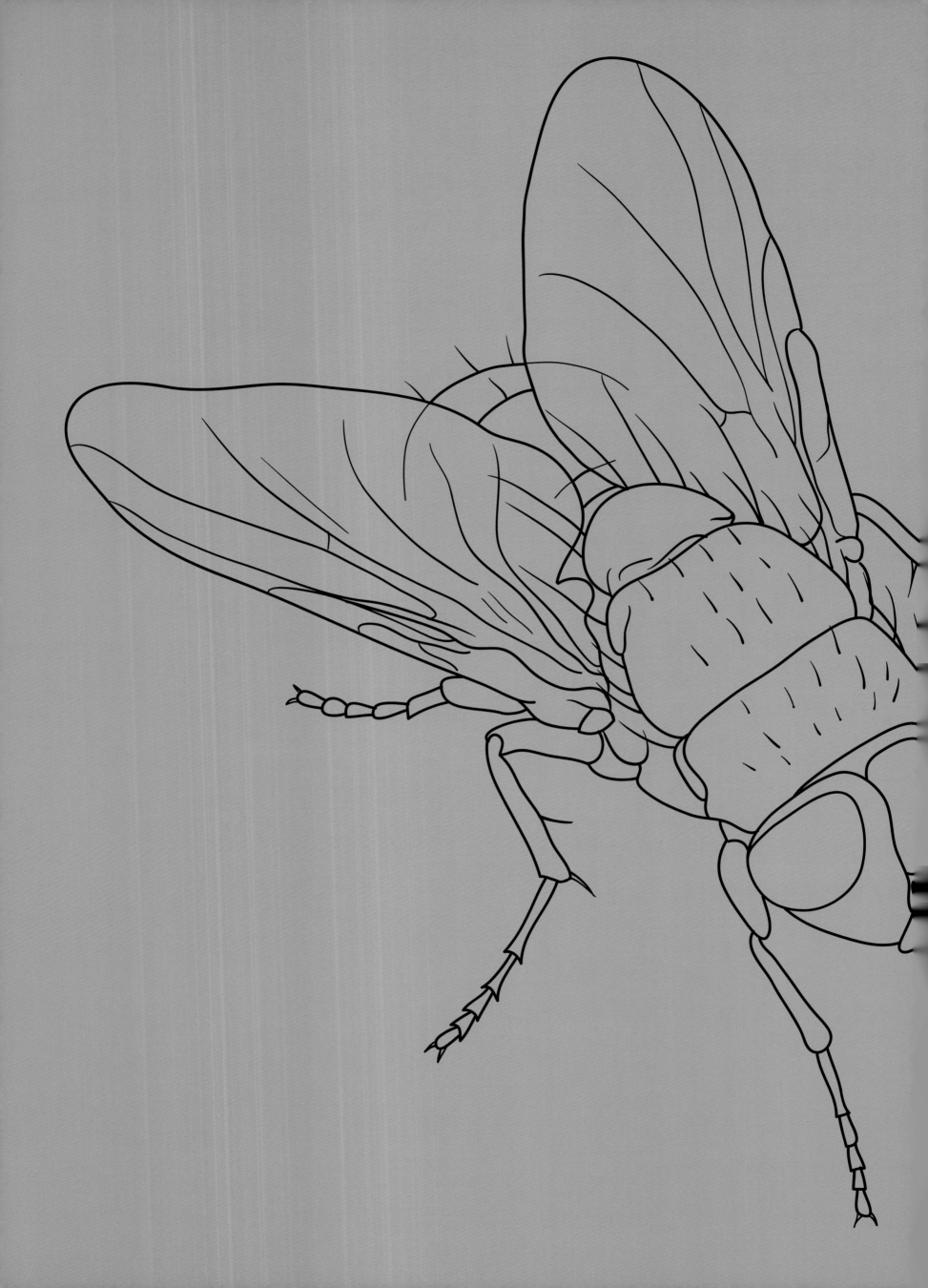

不受待见的朋友，众所周知的敌人！

想要完全了解昆虫的益处和害处，我们的学习之路还很长。

蜜蜂和熊蜂在花朵授粉中的重要性几乎人人皆知。

授粉无法完成的话，人类将没有葡萄尝，没有苹果啃，

也没法拿薯条蘸番茄酱吃（永别了，土豆和番茄！）。

但与此同时，有些昆虫实在惹人讨厌，甚至会成为真正的祸害。

就拿蚊子来说吧，虽然在我们房间里出没的蚊子是无害的，

但世界上还存在着按蚊这种害虫。

它会传播疟疾，这种疾病每年导致 50 万儿童死亡。

接下来，就把舞台交给那些不受待见的益虫和惹人讨厌的害虫，

让它们说说自己的故事。

食尸昆虫，
餐桌礼仪糟糕的益友

有一种昆虫朋友，对人有益，可是其所作所为有点倒人胃口。

我们刚刚认识了一位：没错，就是蜣螂。

但是，竟然还有昆虫选择了比粪便更让人作呕的食粮：

尸体。

当警察发现尸体时，会要求**法医**到场。

法医会负责调查所有非正常死亡的原因。

首先，要确定死亡时间。

这可不是件容易的事。

如果在死后好几天，尸体才被发现，

法医会通过分析尸体上四处乱爬的昆虫等小生物，

来确定死者的死亡时间。

为了把死亡时间的推测误差减到最小，推动案件侦破，

法医会把案发地点的昆虫收集起来。

当地的**降水情况**或是**温度**等都会被列入考量范围。

因为热量、降雨、湿度、光照和日长等条件，

都会影响**食尸昆虫**出现的速度，

顾名思义，这些昆虫以尸体为食。

综合以上种种因素，法医的工作是非常复杂的。

呃！死亡是何时降临的?

死亡时间在一小时以内

最先找到尸体的往往是**丝光绿蝇**和**反吐丽蝇**这样的**丽蝇科昆虫**。一般来说，它们在一小时之内抵达事发现场。可不能把它们和家中常见的黑苍蝇弄混了。这些绿苍蝇和蓝苍蝇比普通苍蝇更强壮，外表泛着金属光泽。它们的幼虫以死尸甚至是腐肉为食。这些食尸性昆虫在自然界中扮演着非常重要的角色。它们能帮助人类处理动物的尸体——总得有人来做这项肮脏的工作。这些苍蝇会在尸体的嘴部、伤口等孔洞周边产卵。出生后的幼虫像极了碎干酪。呕！**蚂蚁**就喜欢吃这些卵，它们紧随苍蝇而来，是尸体的第二批访客。

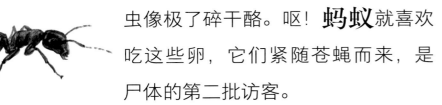

死亡时间超过一天

天气热的时候，一天刚过，第一批苍蝇的幼虫便破卵而出。这些小小的白色蠕虫就是蝇蛆，它们蜕皮 3 次后就能化蛹。为了避开蚂蚁和其他捕食者，蝇蛆会稍微远离尸体，将自己埋在离地表几毫米的地方。大约 3 周后，它们就会变为成蝇。警察在尸体周围发现的那些空空如也的棕色蛹壳就是它们留下的。**丽蝇属**的反吐丽蝇在警方调查中的重要性可见一斑。这种苍蝇能闻到方圆 10 公里内尸体的味道，通常也是第一种到达现场的昆虫。法医们会提取现场的蛹壳、幼虫和虫卵

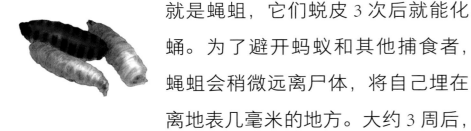

样本，再在实验室环境下用理想的温度孵化虫卵、培育幼体，这样就能推断出相对精确的死亡时间。

泛着金属光泽的苍蝇和蚂蚁之后，第三批客人正在赶来：**肉食麻蝇**（*Sarcophaga carnaria*）和**家蝇**。

尸体在**两至三天后**会完全肿胀起来。此时，**隐翅虫**登场了。这种鞘翅目昆虫喜欢吃尸体和垃圾，也会捕食其他昆虫。

几周后，尸体深度腐烂，像无花果一样皱缩起来。丝光绿蝇和反吐丽蝇都消失不见了，现场只剩下**埋葬虫**和**艳细蝇科**的苍蝇。

数月后，尸体只剩下一副皮包骨。**火腿皮蠹**（*Dermestes lardarius*）会负责收尾工作。它的幼虫以皮肤、兽毛或是羽毛的残留物为食。这种鞘翅目昆虫也是博物馆的常客：那儿的某些画作和动物标本在黏合时会使用含有动物成分的胶水，它们就是奔着这种美食去的。

只剩下**骨架**时，虫子们的盛宴就接近尾声了。千足虫、鼠妇和蛞蝓会来收拾残局。

反吐丽蝇，警察的首席助手

《洗冤录集》记载，公元 1247 年，中国某地村庄发生了一起命案，被害者是一名农夫。

村民们找来了南宋时期最杰出的"神探"宋慈断案。宋慈立即发现，这个可怜人并不是被寻常刀具所杀，凶器应该是一**把镰刀**。受害者口袋里的钱财并没有丢失，宋慈由此判断，这并不是一起单纯的盗窃案或拦路抢劫案，凶手极有可能就在村民之中。宋慈盘问了当地所有居民，几个小时过去了，依旧无人招供。

突然，他心生妙计，对村民们说："各家所有镰刀尽底将来，只今呈验；如有隐藏，必是杀人贼，当行根勘。（所有人都把家里的镰刀带来，供我们检验。不交镰刀的人就是凶手，一定彻查！）"当天下午，地上摆满了村民的镰刀。宋慈一言不发，只等着阳光越来越强烈。很快，那些蓝色的**反吐丽蝇**出现了，全都停在了同一把镰刀上。这把镰刀看起来并无异常之处，但反吐丽蝇也不糊涂。**它们在几公里外就闻到了刀上的血腥味和尸臭味**。真相大白，这把镰刀的主人就是杀人凶手。凶手被捕，那这些正直的苍蝇呢？这个嘛，它们自会一路跟着罪人进牢房的。

左页从上到下、从左到右依次为：丝光绿蝇（*Lucilia sericata*）、黑褐毛山蚁、蝇蛆和家蝇（*Musca domestica*）、隐翅虫（隐翅虫科）、艳细蝇（艳细蝇科）、火腿皮蠹（皮蠹科）

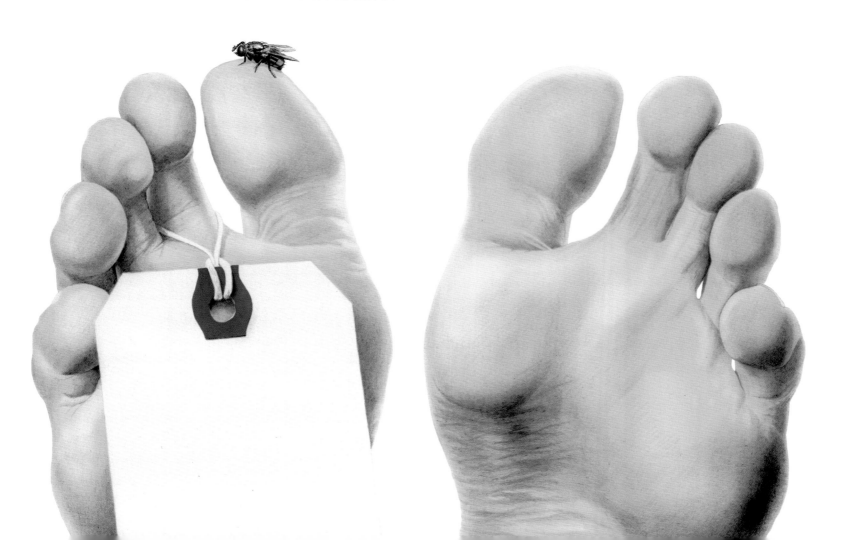

虱子，一点都不友善的"朋友"

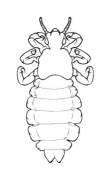

虱子是人类的"老相识"了，但依旧不好相处。**数百万年间**，它们都常伴人类身边。这么看来，恐龙要比人类幸运，在它们活跃的时代，虱子还没有出现呢。不然对于前肢短小的霸王龙来说，浑身**发痒**的感觉可太糟糕了。

虱子只顾索取，从不奉献。这种依靠其他物种才能生存，却从不报答的生物被称为**"寄生虫"**。

头虱是一种靠吸食人血才能活下来的寄生虫。没了人类，它就无法生存。

只要我们把它从头上掸开，不用多久，它就会死于饥饿和寒冷。和宠物不同，人类与跳蚤无缘，只会感染虱子。跳蚤时不时地还会离开它觉得舒适的兽毛，到地毯或是沙发上度个假，而虱子会在它的**"主人"**，也就是**"宿主"**身上度过一生。"宿主"这个词里既有留"宿"的客，又有接待的"主"，不禁让人想问，到底是谁邀请谁上门的？

虱子只有在宿主遇见同类时才会离开。有些虱子只在鸟兽的皮毛上落脚。而头虱，顾名思义，是一种在人类头上生活的虱子，因为不会跳跃，只有当两个人的头靠得足够近时，它才能成功搬家。虽然跳跃技术不精，但在我们的头发里，它以**闪电般的速度**移动，仿佛在丛林中穿行。

变色龙把足一前一后摆好，就能栖息在树枝上，头虱在这点上和它很相似，它绝不会放开抓在手里的东西：头虱离开人类后存活不过半天，失手坠落就相当于被判了死刑。它可不会冒险尝试只有跳蚤擅长的危险动作。学校里，同班同学会在教室里嬉戏打闹，这对头虱来说正是"换颗头"的好时机。当两个人头碰头时，甚至在戴上别人的软帽或者鸭舌帽时，都有感染头虱的风险。因此，最好还是不要和好朋友共用一把梳子啦。

头虱几乎浑身透明，不易被发现。此外，它们一察觉到光线或是异动就会逃走。雌性头虱每天能产八到十枚卵，它会用一种**"强力胶"**把每粒**虱卵**都粘到人的头发上。虱卵粘得很牢，活像紧贴着石头的贻贝。头虱使用的这种黏合剂和软体动物分泌的黏液很相似。只要一周时间，虱卵顶端的

小盖子就会打开，若虫出生。小虱子蜕皮之后就能和雄性约会了。好一个恋爱的季节啊。又一周过去了，年轻的雌性头虱也诞下了它的后代。一代接着一代，头虱家族迅速壮大起来，成了笼罩着头顶的**大灾难**。

怎么摆脱这些虱子呢？以前，人们用**毒药**。这类有毒物质在麻痹虱子神经的同时，也会对动物和人类宿主产生负面影响。如今，有更好的解决办法。昆虫没有肺，它们通过胸两侧的气门来呼吸。如果这些小孔被堵住，它们就会窒息而死。这就是**灭虱洗发水**的工作原理。尽管在我们潜水或洗澡时，虱子会屏住呼吸，但面对无孔不入的黏稠洗发水，它们就无力反抗了。

人虱（*Pediculus humanus*）

跳蚤可不是我们朋友的朋友

跳蚤生活在猫的毛发中，还在里面产卵。

它们还能从猫身上跳到沙发上或是地板的缝隙里。

想象这样一个场景吧。

我们要出门度假，

于是把猫咪寄养在了外婆家。

这时候，幼虫从卵里孵化出来了。

它们需要蜕 3 次皮。

接着，它们会在茧里完成变态。

跳蚤能感知屋子里所有生物的热量和运动。

它们在等待一个时机，

后足紧绷如弹簧，随时准备弹射。

我们度假回来准备接走猫咪。

就在外婆开门的瞬间，

啪！"快跳上去！"跳蚤自言自语道。

学会了吗：

永远不要先进房间，把这个机会让给你的兄弟姐妹吧！

猫栉首蚤（*Ctenocephalides felis*）

毛虫，一个充满矛盾的朋友

毛虫里有**灾星**也有**福星**。姑且把它们叫作充满矛盾的朋友吧。看着它们扭动的身子，人的思绪也变得混乱起来。

带蛾毛虫是一种**带蛾**的幼虫，会成群结队地**化蛹变态**。

带蛾毛虫的茧被丝网包裹着聚集在一起，上百只毛虫会一起孵化出来。一到夏天，橡树上就会出现这种毛虫。夜幕降临时，它们会列队前进，一个接着一个地从树干爬到树顶，啃食树叶。太阳升起，它们又会回到树下。

这些毛虫不仅浑身覆盖着大片的白色**丝状毛**，还夹杂着更细的刺毛。碰到它们会**引起类似荨麻疹的症状**，让人觉得皮肤像着火一样难受。

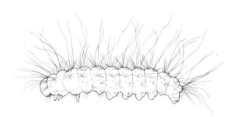

欧洲带蛾（*Thaumetopoea processionea*）

我们甚至在触摸它们之前就会发痒。它们身上的毛很容易脱落，随风飘散，在长达几个月的时间里，都能引发瘙痒症状。消防员是不会用水枪来驱赶带蛾毛虫的，这无济于事。用火烧或是用大型专用机器吸是正确的处理方式。如果皮肤接触到了带蛾毛虫的刺毛，抓揉是无法缓解症状的——这只会让刺毛嵌得更深。最好的方法是用胶带贴在**灼痛**部位，撕开的时候就能粘走刺毛。当你经过带蛾毛虫出没的地带时，可以屏住呼吸。还有一点，**千万不要**揉眼睛。

在被害虫困扰的同时，人类也惊讶地发现，有些毛虫竟然能生产出**世界上最柔软的材料**。

蚕丝其实是**家蚕蛾**的幼虫——家蚕分泌出的物质。家蚕已经被培育了3000多年。家蚕一生只在化蛹时吐一次丝。一个月大时，蚕开始吐丝，把自己包裹起来。这根丝线连续不断，长达一公里。吐丝结茧的过程会持续两到三天。在茧中待了不到两周后，蚕就会打个**洞**，从里头钻出来。这时，它已经变成了蛾。

在离开蚕茧的过程中，蚕蛾会破坏**脆弱的蚕丝**。为了避免这种情况，养蚕人会直接把蚕茧泡在热水里，杀死茧中的蚕。在软化蚕丝的同时，这种方法还能增强蚕丝的强度。接着，烫熟的蚕会被取出来，蚕丝则被绕在卷筒上保存。

中国是第一个饲养家蚕的国家。从前，丝绸贸易能给皇帝带来大量金钱，**在很长时间里，蚕的饲养技术都是顶级机密**。据说，当时拜占庭查士丁尼大帝也想在这种珍贵衣料的生意中分一杯羹，但他手下竟无一人了解丝绸的制作方法。为了偷师，他往中国派出了数名间谍。这些间谍伪装成僧侣，拄着竹杖四处走动。他们把偷来的蚕茧藏在中空的竹杖里，准备带回欧洲。边境的中国守卫完全没起疑心！漫漫旅途中，蚕不仅存活了下来，甚至还发育成蛾繁衍后代。这个诡计非常成功，养蚕业从此在欧洲发展起来。在人类长达几个世纪的饲育下，蚕已经变成了一种非常脆弱的生物，无法在野外环境中生存。家蚕蛾甚至都不会飞。

蜘蛛也会分泌出类似蚕丝的丝状物，蜘蛛丝也是"丝"呀。蛛丝没有蚕丝受人追捧，但有其他的品质。蛛丝比蚕丝**结实得多**。如今，人类在研究如何让蚕丝达到蛛丝的强度。那些用于织网的蛛丝，更是经得起种种考验。它能够抵御风雨，抵御所有冲入陷阱的昆虫。新型丝绸一旦研制成功，就可以应用在防弹背心、降落伞，甚至是人造肌腱上！初步的测试结果已经证明，这类材料有着广阔的应用前景。

野家蚕（*Bombyx mori*）

塑料吞食者，我们未来的朋友

能消化草的不是牛，而是它们胃里的**细菌**。草、木头和植物坚硬的部分都含有一种坚韧的、难以被消化的纤维物质，叫作"纤维素"。这本书所用的纸张也是由纤维素构成的。即使是无所不能的昆虫，也拿这种纤维没办法。只有少数昆虫真的以木头为食：天牛、家具窃蠹、白蚁和蟑螂。这都得归功于它们肠道里那些能消化纤维素的细菌。

塑料和纤维素一样坚韧。它具有纤维结构，不容易被分解成灰尘。塑料垃圾的降解时间往往长达一个世纪。1907 年，这种材料从比利时根特人利奥·贝克兰德手中诞生。从此以后，人类对它的滥用就从未停止。

每年都有**上千万吨的塑料制品**被排进大海，冲上沙滩，埋入地下。如果人类还不着手解决这个问题，那等待着我们的将是连绵的塑料垃圾山。

哎，有一种爱吃塑料的昆虫就好了！

有是有，但这种昆虫也离不开大胃王细菌的帮助。塑料固然不是一道容易消化的美食，但在大自然中不也有坚硬难咬的东西吗？例如蜂蜡。蜜蜂分泌出蜂蜡，咀嚼后用来建筑蜂巢。经过处理的蜂房就像塑料罩子一样保护着蜂卵和幼虫。但是，一些长着长牙的捕食者照样能突破这道防护。

蜡螟的幼虫会袭击其他昆虫的巢，是一种"虫见虫怕"的生物。它们会在蜂房中破开一条通路，把嘴边的所有东西都吃个干净。它们是养蜂人的噩梦，但也给科学家带来了新思路：他们给蜡螟的幼虫喂食比蜂房更难咬的塑料袋和塑料杯。实验进行得很顺利。只要稍加适应，这些小虫子就能把聚苯乙烯泡沫塑料吃下肚。它们肠道中的细菌会自动进行调整，很快就能习惯新的食物。

不得不承认，塑料的种类实在太多了，坚硬的程度各不相同且都难以分解。乐高积木肯定比塑料泡沫球对胃的伤害更大。但现在开了个好头，一切皆有可能……

总之，在未来，昆虫会成为人类离不开的益友。

朋友们，期待未来。

蜡螟（*Galleria mellonella*）的幼虫

致 谢

感谢在此书创作期间倾力帮助过我的诸位：

两足的

就职于比利时皇家自然科学研究院的

让 – 吕克·波夫，

就职于比利时弗拉芒大区自然与森林局的

利芬·纳赫特加尔，

天蛾人赫特，

在旷野中生活的马克斯和扬妮克，

那里是昆虫爱好者的天堂，

这两位却独爱猫咪和蛋糕（啧……）；

世界各地的学者们，牡蛎壳实验室的热心同事们；

兰努出版社的索菲耶和伊琳娜，她们太了不起了；

布吕尼、托马斯等不屈不挠的孩子们，

还有许多其他的同龄人和朋友。

四足的

我要感谢我的宠物们，

俄罗斯侏儒仓鼠 HNR，希腊陆龟卢拉，

感谢它们能全神贯注地听我

大声朗读不同版本的文章段落。

六足的

一只几年前闯入作者书房的巨型欧洲黄蜂，它身长至少 4 厘米，

是这部作品的灵感来源。

八足的

此项暂缺。八只脚的都是吹牛大王。

索 引
本书中出现的所有物种 [1]

图书在版编目（CIP）数据

不可思议的昆虫大书 / (荷) 巴尔特·罗塞尔著；
(荷) 梅迪·奥伯恩多夫绘；周肖译. -- 福州：海峡书
局, 2022.6
　　ISBN 978-7-5567-0944-1

Ⅰ. ①不… Ⅱ. ①巴… ②梅… ③周… Ⅲ. ①昆虫 -
普及读物 Ⅳ. ①Q96-49

中国版本图书馆CIP数据核字(2022)第039934号

© 2017, Lannoo Publishers. For the original edition.
Original title: Het wonderlijke insectenboek. Translated from the Dutch language
www.lannoo.com
© 2022, Ginkgo (Beijing) Book Co., Ltd. For the Simplified Chinese edition
本书中文简体版权归属于银杏树下（北京）图书有限责任公司

著作权合同登记号 图进字13-2022-013

出 版 人：林　彬
选题策划：北京浪花朵朵文化传播有限公司　　出版统筹：吴兴元
编辑统筹：彭　鹏　　　　　　　　　　　　　责任编辑：廖飞琴　杨思敏
特约编辑：常　瑱　　　　　　　　　　　　　营销推广：ONEBOOK
装帧制造：墨白空间·郑琼洁

不可思议的昆虫大书
BUKESIYI DE KUNCHONG DA SHU

著　　者：[荷] 巴尔特·罗塞尔
绘　　者：[荷] 梅迪·奥伯恩多夫
译　　者：周　肖
出版发行：海峡书局
地　　址：福州市白马中路15号海峡出版发行集团2楼
邮　　编：350001
印　　刷：天津图文方嘉印刷有限公司
开　　本：787毫米×1092毫米 1/8
印　　张：12
字　　数：110千字
版　　次：2022 年 6 月第 1 版
印　　次：2022 年 6 月第 1 次
书　　号：ISBN 978-7-5567-0944-1
定　　价：138.00元

读者服务：reader@hinabook.com 188-1142-1266
投稿服务：onebook@hinabook.com 133-6631-2326
直销服务：buy@hinabook.com 133-6657-3072
官方微博：@浪花朵朵童书

封面昆虫：
长结红树蚁
蚁狮
荨麻蛱蝶
欧洲球螋
黄金青蜂（*Hedychridium ardens*）
欧洲深山锹甲（*Lucanus cervus*）
火腿皮蠹
隐翅虫
七星瓢虫
波纹蛾